沃爾夫以十分謙遜、慎重且富含感情的方式寫作。雖然他很自在地開自己玩笑，也毫不保留地展現他的機智……這是一個非凡而可信的故事……即使你（覺得自己）不喜歡橘酒，務必讀一下這本書。

———塔姆林·科倫（Tamlyn Currin）/ JancisRobinson.com

沃爾夫先生是一位很有魅力的作家，寫出了一個精彩的故事及一連串的精彩人物。他很精準地衡量著橘酒與自然酒的界線，而非賣弄學問。

———艾瑞克·艾西莫夫（Eric Asimov）/《紐約時報》（New York Times）

沃爾夫這本卓越的橘酒書檢視了風格的細節，並介紹了 180 位橘酒生產者，帶領你進一步探索這琥珀色蜜液。

———馬丁·莫蘭（Martin Moran）/《週日泰晤士報》（The Sunday Times）

以敏銳又熱情的眼光看待葡萄酒現象。沃爾夫是一位說故事好手，讓大部分讀者很容易就投入其中。

———大衛·希爾納西特（David Schildknecht）/《優質葡萄酒世界》（World of Fine Wine）

「小眾但如此平易近人」
「寫作優美而毫不矯飾」
「毋庸置疑是最好的」

———路易·侯德爾（Louis Roederer）2019 年最佳酒書作家獎評審團

就像我們年輕時喜愛的那些歷史書一樣。帶給你全貌，也提供細節，讓讀者開始跟現代的重要主角發展出連結。

———柯林·哈克尼斯論酒（Colin Harkness on wine）/《科斯塔新聞》（Costa News）

接近沙漠般的酒書出版偶爾會出現一些受歡迎而且真正有趣的東西。

———大衛·克羅斯利（David Crossley）/ Wide World of Wine

出版得正是時候而且可讀性高。

———休·強生（Hugh Johnson）/《Hugh Johnson 葡萄酒隨身寶典》作者

引人入勝又巧妙的著作，將告訴你所有你該知道關於這隱藏已久的傳統。

———安德魯·傑佛德（Andrew Jefford）/《Decanter》雜誌

沒有人比賽門·沃爾夫更瞭解橘酒及它迷人的歷史，也沒有人能寫得比他更好。

———菲莉西蒂·卡特（Felicity Carter）/
《邁寧格全球葡萄酒產業》（Meininger's Wine Business International）雜誌

機智詼諧、用字精確、文筆流暢，帶有賽門·沃爾夫獨特的個人特色。

———瓊斯·瓦伊拉蒙（José Vouillamoz）博士/ 葡萄專家

這是沃爾夫最擅長的，在揭開橘酒相關的謎團時，結合了個人故事與歷史研究。

　　　　　——蘇珊·穆斯塔克（Suzanne Mustacich）／《葡萄酒觀察家》（Wine Spectator）

還好賽門·沃爾夫沒有在遭到 13 家出版社拒絕後而退縮！在自行出版此書後不久便得到路易·侯德爾（Louis Roederer）年度國際葡萄酒書大獎。書中對橘酒的歷史演進與發展有著生動而詳盡的描述，是一本資訊豐富且讀來享受的葡萄酒書。

　　　　　——王琪／譯者

最復古，也最新潮的葡萄酒！橘酒時代，為葡萄酒世界火熱推行中的時代革命，做了最深入詳盡的調查和深情演繹。

　　　　　——林裕森／專業葡萄酒作家

橘酒——一種古老但卻令人感到陌生的存在。接觸橘酒不過是近幾年的事，這本書帶我們穿越古今，從歷史與地理的角度從頭認識它！

　　　　　——陳定鑫／社團法人台灣侍酒師協會理事長

透過葡萄酒，我們閱讀歷史，透過橘酒，我們理解到古老的純樸其實是最先進的智慧。這是一本非常罕見主題的書，以橘酒為主題，也正式宣告葡萄酒進入到下一個新紀元了！

　　　　　——陳怡樺／台灣酒研學院創辦人

一本令人著迷的讀物——彷彿 賽門·沃爾夫親自在身旁，一點一滴熱切地發掘出不為人知的歷史和個人故事。書中許多啟發性的觀點，讓身為葡萄酒生產者的我，重新思考尚未被建立的信念，探索其中的真諦和價值觀。

　　　　　——楊仁亞／威石東台灣葡萄酒莊莊主

橘酒——琥珀色的葡萄酒。如同自然酒，橘酒風潮和魅力早已席捲全球。橘酒復興、陶甕釀造……著實令人著迷！

　　　　　——葉姿伶／是酒 C'est Le Vin、喝自然葡萄酒展創辦人

溫室效應影響下，要釀出均衡的白酒對釀酒者形成不小的挑戰。雖說「生命自會找到出處」，然而在葡萄酒的領域裡，還是需要人為的幫助：泡得恰到好處的橘酒，除口感顯得更飽滿，甚至風味還會更清鮮均衡（格烏茲塔明那便可從泡皮法獲得這項好處）。橘酒不僅是流行，更是一個新出路。

　　　　　——劉永智／葡萄酒自由作家

當你體驗過橘酒的多樣風情，和以它就餐時的愉悅感受，就會想要多了解它一些，而這本書適時地出現了……。

　　　　　——劉傳宇／《酒訊雜誌》總編輯

橘酒 時代

反璞歸真的葡萄酒革命之路

布爾達（Brda）的曙光

橘酒 時代

反璞歸眞的葡萄酒革命之路

賽門‧J‧沃爾夫（Simon J Woolf）著

萊恩‧歐帕茲（Ryan Opaz）攝影

王琪 譯

積木文化

國家圖書館出版品預行編目 (CIP) 資料

橘酒時代：返璞歸真的葡萄酒革命之路／賽
　門・J・沃爾夫（Simon J Woolf）著；
　王琪譯 . -- 初版 . -- 臺北市：積木文化出
　版：家庭傳媒城邦分公司, 2020.02
　面；　公分
　譯　自：Amber revolution: how the world
　learned to love orange wine
　ISBN 978-986-459-218-0（平裝）

1. 葡萄酒

463.814　　　　　　　　　　　108023249

VV0091

橘酒 時代
反璞歸真的葡萄酒革命之路

原 文 書 名　Amber revolution: How the World
　　　　　　　learned to Love Orange Wine
作　　　者　賽門・J・沃爾夫（Simon J Woolf）
攝　　　影　萊恩・歐帕茲（Ryan Opaz）
譯　　　者　王　琪
特 約 編 輯　陳錦輝

總 　 編 　 輯　王秀婷
責 任 編 輯　廖怡茜
版　　　權　張成慧
行 銷 業 務　黃明雪

發 　 行 　 人　涂玉雲
出　　　版　積木文化
　　　　　　104 台北市民生東路二段 141 號 5 樓
　　　　　　電話：(02) 2500-7696 ｜ 傳真：(02) 2500-1953
　　　　　　官方部落格：www.cubepress.com.tw
　　　　　　讀者服務信箱：service_cube@hmg.com.tw
發 　 　 行　英屬蓋曼群島商家庭傳媒股份有限公司城邦分公司
　　　　　　台北市民生東路二段 141 號 11 樓
　　　　　　讀者服務專線：(02)25007718-9 ｜ 24 小時傳真專線：(02)25001990-1
　　　　　　服務時間：週一至週五 09:30-12:00、13:30-17:00
　　　　　　郵撥：19863813 ｜ 戶名：書虫股份有限公司
　　　　　　網站：城邦讀書花園 ｜ 網址：www.cite.com.tw
香 港 發 行 所　城邦（香港）出版集團有限公司
　　　　　　香港灣仔駱克道 193 號東超商業中心 1 樓
　　　　　　電話：+852-25086231 ｜ 傳真：+852-25789337
　　　　　　電子信箱：hkcite@biznetvigator.com
馬 新 發 行 所　城邦（馬新）出版集團 Cite（M） Sdn Bhd
　　　　　　41, Jalan Radin Anum, Bandar Baru Sri Petaling, 57000 Kuala Lumpur, Malaysia.
　　　　　　電話：(603) 90578822 ｜ 傳真：(603) 90576622
　　　　　　電子信箱：cite@cite.com.my

美術設計　Pure
製版印刷　中原造像股份有限公司

2020 年 2 月 18 日　初版一刷　　　　Printed in Taiwan
售　價／ NT$880
ISBN 978-986-459-218-0
有著作權・侵害必究

獻給 Linda Woolf, Otto McCarthy-Woolf 與 Stanko Radikon
——希望本書的出版讓你們感到驕傲

Orshimos，從陶罐中取酒的長柄勺

目　錄

推薦序

Doug Wregg

2006 年我嘗試了生平的第一款橘酒（Dario Prinčič 的 Trebez 2002），至今仍記得當時這酒帶給我的震撼。那款酒帶著深沉、豐富，幾近拋光過的明亮色澤，在光照下宛如出現了微妙的變化。加上酒中持續改變的香氣和質地，在在挑戰並重塑我的味覺。在那個無比奇妙的瞬間，我宛如對這款酒的過去和未來同時有了驚鴻一瞥。

橘色（或琥珀色）絕對是葡萄酒中的重要顏色。會出現這樣的色澤，代表葡萄（通常是白葡萄）經過浸皮的過程——一如釀造紅酒。在浸皮期間，顏色、單寧和其他酚化物等不同的成分會被自然地萃取出來。

顏色的深淺程度取決於葡萄品種、年份的表現、採收期和釀酒過程——如浸皮時間長短、葡萄萃取的程度、葡萄酒的釀造是在有氧還是無氧的情況下等。經過浸皮過程的葡萄酒可能呈現金黃色、粉灰色、橘色、琥珀色或甚至土黃色。

欲釀造出優質的浸皮葡萄酒，首要條件是葡萄皮必須擁有值得萃取出的成分。良好的農耕方式——前提是以有機或生物動力法耕作——能使葡萄擁有優異的成熟度並達到自身的平衡度，而萃取過程應該是輕柔且和諧的。釀酒師需要決定是否使用葡萄梗、浸皮時間多長，以及是否需要經過換桶過程，或使葡萄酒暴露於氧氣中等等。

單寧是橘酒中非常重要的成分，一如在紅酒中，單寧能使口感清新並平衡水果風味。除此之外，顏色與穩定性同樣重要，所有這類的酚化物都能讓葡萄酒避免氧化。橘酒的風格無比多樣，從完全不像有經過浸皮過程的葡萄酒，到那些具有高度單寧、在口中充滿包覆感，本身便宛如一場味覺饗宴的酒款。

賽門的著作是對這類令人驚嘆的葡萄酒以及釀造出這些酒款的那些滿腹熱情、專心一意的釀酒師的頌揚。本書不是枯燥的學術論文，而是以令人耳目一新、不帶專業術語，引人入勝的敘事風格撰寫。他以類似小說和故事的書寫方式，娓娓道出在這個時代追隨個人心志而非盲目追隨潮流的工匠釀酒師的故事。

這些橘酒先驅最初為酒評家所不屑、被同袍所恥笑，但是他們的心志堅定不移，而他們所釀的葡萄酒也成為最好的證據。這些葡萄酒如今受到酒評家、侍酒師和葡萄酒愛好者的崇敬，而且影響並啟發了全世界許多酒農。

賽門在書中生動地述說了這個傳統釀酒方法的復興始末，以及帶動此「新舊」葡萄酒釀造風格有功的那些人的故事。同時他也將此葡萄酒復興運動與具有悠久葡萄酒釀造文化的喬治亞共和國串連在一起。喬治亞的人們使用整串葡萄與葡萄皮釀造琥珀色的葡萄酒已有幾千年的歷史。

這類浸皮葡萄酒的前景看好。儘管某些酒評家認為這個風潮僅是曇花一現，但如今我們卻看見越來越多來自不同國家的葡萄酒生產者開始嘗試或擁護此釀酒方式。這一代的侍酒師和葡萄酒採購者無疑地也為這類葡萄酒所傾倒。橘酒如今已成為許多酒吧和餐館葡萄酒單上的第四類葡萄酒顏色。

如果你是橘酒新手，那麼本書將會誘惑你去接觸更多這類的葡萄酒。假如像我一樣，你已經成為橘酒老手，那麼藉著本書，這將是一個與「老朋友」重逢與更深入探究這個充滿魅力的主題的大好機會。最重要的是，賽門文筆流暢，妙筆生花，又能適切地將葡萄酒置入故事的完整脈絡中。也因此，何不現在就給自己倒一杯充滿營養的琥珀色液體，然後繼續往下閱讀……。

推薦人簡介
Doug Wregg 是酒商 Les Caves de Pyrene 的業務與行銷總監；該公司是英國最大的自然酒和橘酒進口商。

前言

打從有了硬挺的餐桌布與西裝筆挺的侍酒師開始，餐廳葡萄酒單上的順序便亙古不變：以氣泡酒打頭陣，接著是白酒，再來或許是有時令侍酒師有些尷尬的粉紅酒，之後是大量的紅酒；最後上場的則是甜酒，包括偶爾串個場的波特酒。

如今這五個類別不再是神聖而不可侵犯——過去十年，我們看到第六個類別的出現：橘酒。然而，「橘酒」（orange wine）這個名字並沒有被普遍接受。某些人偏好用帶點貴族氣息或偶爾或許更為準確的「琥珀色的酒」（amber wine）稱呼這類葡萄酒；其他人則以全名「經過浸皮過程的白酒」表示。也有人甚至將橘酒與粉紅酒視為同類，不過如此偏頗的說法令我難以認同。

光談橘酒這個名詞便已經夠令人頭痛了，也因此有必要立即對其定義做個澄清。本書僅專注於將白葡萄品種以釀造紅酒的方式製成的葡萄酒。這類酒款在發酵時會帶著葡萄皮（有時也會使用葡萄梗），發酵時間有時持續數天、數週或數個月。「橘酒」此一術語在全球各地也用來稱呼不同種類的發酵飲料，本書則刻意忽略此種用法。若你是喜歡由橘子製成的水果酒愛好者，或是著迷於來自澳洲新南威爾斯 Orange 產區酒款的粉絲，那你可能要趕緊在退貨期限內要求拿回本書的退款，所以可別急著憤怒地把封面給撕了！

不論如何，屬於橘酒的時代已經到來。眾多的葡萄酒專賣店、時尚酒吧和頂級餐廳大剌剌地展示著橘酒，這是前所未見的。因其獨特的釀造過程，橘酒不但無法大規模生產，還需要相當的耐心和技術才可能釀成，因此這類葡萄酒不可能大量占據超市貨架。然而如今全球的葡萄酒生產者幾乎都會實驗性地釀造一款「橘酒」，就跟他們都會有一款以傳統法釀造的氣泡酒或是晚摘型的甜酒一樣的道理。

即便眾人對橘酒的興趣快速增長，但在談論此類酒款時則依舊充滿大量的神話、迷信或單純的無知；葡萄酒業界對了解橘酒的起源和其豐富的遺產則顯得意興闌珊。

本書試圖糾正謬論，並試著將與這個美妙而獨特的葡萄酒有關的重要知識去蕪存菁。書中的主要內容都在深入探討與橘酒心臟地帶相關的人事物及其文化，特別是弗留利—威尼斯朱利亞（Friuli-Venezia Giulia）[1]、斯洛維尼亞（Slovenia）和喬治亞（Georgia）。釀酒師在這些產區所發生的各種故事與其葡萄酒一樣豐富精彩，這也為他們所釀的酒款提供了至關重要的背景。

二十年前，若要寫一本關於橘酒的書是不太可能的；當時這類葡萄酒甚至連名字都沒有。如今，寫書的唯一問題在於哪些內容需要捨棄。不論這類葡萄酒呈現的是哪種色澤，如今其能見度、普及性和可接受度絕對可以用宛如進行了一場革命運動來形容。

賽門·J·沃爾夫寫於阿姆斯特丹

1　事實上，僅有弗留利寇里歐與卡爾索在本書中有深入探討，然而兩區並沒有慣用的通稱，因此只好以弗留利—威尼斯朱利亞整個行政區作代表。

導論

阿拉韋爾迪修道院中在陶罐裡的葡萄皮

1

步入
虛空

我往地殼深處走去，費勁地沿著含有各種礦物質與鹽份的緊密沉積岩裂縫中攀爬。陡峭的石灰岩向上升起，層層疊疊宛如將數千年的時間壓縮在一起。這地方原始而古老，這路徑肯定是由巨人鑿成的，要不然便是由魔術師以超能力所變出的。

正當眼睛才剛適應了黑暗，突然間，眼前出現細微的黃色亮光，照出一道縫隙，顯露這個由古老泉水所切出的裂口。底下所呈現的墨黑色似乎比暴風眼或黑洞的引力更難穿透。我謹慎地退後一步，卻撞上一個圓錐形的橡木桶。

這時，有人把一只酒杯放在我的手中。

杯中是帶著琥珀色光澤的液體，似乎閃著電光一般的粉色餘暉。香氣首先出現，相較於黑暗而神秘的周遭顯得朝氣蓬勃，小啜一口就足以釋放其內在的生命力。濃烈卻又清新的味道呈現出強而有力並充滿複雜度的口感。大腦此時根本失去作用，我無法以任何有意義的方式處理這樣的感受。

一時間我豁然開朗，但當時並不知道它之後將徹底改變我的生活。這個奇怪但又

令人驚嘆的飲料到底是什麼？它是否同樣是由創造出這個巨大洞穴的超自然精靈製作出來的？

葡萄酒的釀酒過程可用煉金術來形容，但這可不是巫術，如此無比美味的飲料背後是由人手所創造出來的。這一天是 2011 年 10 月，在第里雅斯特（Trieste）附近的 Prepotto 村，一個天氣清爽、陽光明媚的秋日。這個地方是 Sandi Skerk 的

Sandi Skerk 在他位於卡爾索的石灰岩酒窖

釀酒廠，這是卡爾索（Carso）產區一個深入堅固的石灰岩中所鑿出的酒窖；挖掘的過程與精靈無關，頂多是借助了電鑽與怪手的幫忙。

那天是我對這種珍貴的葡萄酒風格的初體驗。這種酒款在義大利文中優雅地稱爲 vino bianco macerato，意思是「經過浸皮過程的白酒」。這是個極具技術性的術語，許多葡萄酒愛好者現在更喜歡簡潔地稱它爲「橘酒」，指的是由浸皮過程所帶來更深層的色調，從淺橘色、琥珀金色到黃褐色都有。

那次的採訪之後，我想問的問題遠遠超過我所得到的答案。爲什麼像我這樣一個酷愛奇特葡萄酒的酒迷，竟從未品嘗過類似的葡萄酒？這些酒款是如何釀造出來的？還有哪些生產者釀造它們？或者這是北義大利的特產？

因此我帶著一項任務回家（當時家在倫敦）。我想要在我當時剛有點名氣的葡萄酒部落格上好好地寫一篇內容豐富的文章，描述我在 Sandi 以及另外兩位他所熟識的生產者的酒窖中所體驗到的超自然感受，我要解釋這類葡萄酒是什麼、爲何是這個顏色，還有它們爲何聞起來與嘗起來會如此不同。

我心想，這篇文章寫起來肯定得心應手。首先我會在網上找一些資料，並查看被我翻爛的《牛津葡萄酒百科》（Oxford Companion to Wine），然後再找找關於弗留利和卡爾索葡萄酒的專書，當中應該還能找到談論 il vini bianchi macerati 的一小部分章節吧？

結果讓我非常震驚。關於弗留利葡萄酒的英文資訊不多，對於沒沒無名的卡爾索的訊息更是稀少（卡爾索技術上來說屬於弗留利─威尼斯朱利亞地區，但在文化上則與該區迥異）。2006 年發行的第三版《牛津葡萄酒百科》則完全無法對我在卡爾索的經歷做出任何解釋。與浸皮白酒相關的資訊除了網路上能找到的基本資料外，完全沒有專書可供參考。

我把關於 Skerk 和其他 Prepotto 村生產者的故事寫成一篇內容並不扎實的文章，寫完後覺得我的問題反而更多了。我的好奇心完全被激起，因此，在接下來的兩

年裡，我努力地搜尋與卡爾索相關的資訊，不放過任何一則品酒筆記、酒評或部落格文章。

慢慢地，一點一滴累積起來的資訊開始有了聚焦點。我發現「橘酒」一詞是2004年英國葡萄酒進口商 David A. Harvey 首次提出以來，對於此類別的酒款接受度最高的名稱。也感謝經由 Eric Asimov、Elaine Chukan Brown 和 Levi Dalton 的作品，我發現了一個葡萄酒運動的存在。有一群以斯洛維尼亞和義大利為主的小型生產者，他們在此類葡萄酒風格蟄伏沉靜了數十年後，重新開始釀造這類經過浸皮的白葡萄酒。然而這運動發生的所在地並非卡爾索，而是同樣在國界邊境的弗留利—寇里歐（Friuli Collio），尤其是戈里齊亞省（Gorizia）的奧斯拉維亞村（Oslavia）。

來自奧斯拉維亞的兩位釀酒師 Joško Gravner 和 Stanko Radikon，在數量有限的文獻中一次次地被提到，這令我好奇。橘酒勢不可擋地進入他們的酒窖裡，但有多少人真正清楚他們葡萄酒的味道？

Gravner 的故事緣起遠超出他所在的國界範圍，那是在高加索山區的喬治亞共和國。他對喬治亞以大型陶罐釀酒並埋在土中這種古老而傳統的方式十分著迷，在他拜訪了喬治亞之後，也開始用同樣的方式釀造自己的葡萄酒。

我在 2012 年第一次親自前往喬治亞。當時這個地方在葡萄酒旅遊方面仍然不夠發達，但無比獨特的以陶罐釀酒的傳統，使喬治亞生產者在全球自然酒釀造上的地位迅速攀升。該國的文化、人民和葡萄酒都令人著迷不已。

2013 年 5 月，我在一趟旅程中想辦法安排了拜訪 Gravner 的機會。不過，這次的會面並不成功，因為正如大多數的奧斯拉維亞人，Joško 的母語是斯洛維尼亞語，但也會說義大利文。我能說的語言是英語、德語和法語，因此無論如何嘗試，我們就是無法跨越語言障礙。

關於 Gravner 的文章很多，他在十多年內被非正式地視為義大利最好的白酒釀酒

Sandi Skerk 酒窖中的石灰岩裂縫

師，但當他在 1997 年改變風格之後，卻遭受同一批鐵粉的惡毒詆毀。反對者似乎對橘酒恨之入骨，原因令我難以理解。他們聲稱這些葡萄酒持續氧化、揮發酸明顯而且充滿缺陷。

所幸，Gravner 的葡萄酒在我到訪的那天完美而清晰地表現了自己，絲毫沒受到語言不通的影響。它們從那時至今都是義大利最優雅、最複雜和最優異的葡萄酒之一。

一年後，我造訪了 Stanko Radikon。接待我的是位親切無比的男人，當時他似乎才從與嚴重癌症的搏鬥中康復。我和他的兒子兼釀酒師 Saša、妻子 Susanna 和

女兒 Savina、Ivana 一起享用了豐盛的午餐。我不記得我們打開多少瓶酒，但我對此區的歷史和釀酒過程的眾多疑問也終於得到解答。

幾個月後，當我造訪斯洛維尼亞維帕瓦（Vipava）山谷地區（從奧斯拉維亞邊境往東）的生產者時，發現了一本 19 世紀的書，當中明確指出在該國的某些地區將白葡萄品種經過浸皮後釀造葡萄酒是項古老傳統。這也讓我們明顯的發現這個故事是有連貫性的，顯示喬治亞在以陶罐製作的浸皮葡萄酒傳統是如何與弗留利—寇里歐及其鄰居斯洛維尼亞的葛利許卡—巴達（Goriška Brda）[2] 可能有所相連。Gravner 提供了東西方之間的最初橋梁；之後 Gravner 和 Radikon 則進一步影響了其他許多人。

於此同時，人們對橘酒的興趣似乎正往最高峰攀爬（包括 Gravner、Radikon、Skerk 和許多喬治亞的葡萄酒生產者）。一時之間，許多沒做足研究的文章充斥媒體，有的甚至出現在令人難以想像的版面（像是出現在《Vogue》雜誌上就顯得略微不諧調）。從紐約到倫敦、柏林和巴黎的時尚酒吧可不僅只在酒單上放上一兩款橘酒而已；越來越多的酒吧也開始將橘酒列在獨立的類別內。

即便如此，還是沒有人把橘酒的所有故事連成一氣。我們讀不到關於浸皮白酒風格的完整歷史：從它模糊的起源、在亞得里亞海周遭的近期歷史發展，或 Gravner 和 Radikon 對橘酒的復興運動等。許多充滿冒險精神的葡萄酒愛好者相當喜歡這類葡萄酒（這些年來我有幸在眾多的品酒會上碰過其中許多人），但是很少有人意識到橘酒的歷史可以追溯到多遠，或了解這類葡萄酒在 1990 年代末期首次出現在市面上時要獲得眾人認可是有多麼困難。

我的命運因此底定。市面上必須有一本關於橘酒的書。如果沒有人要寫，那我就

---

2 Collio 與 Brda 兩字在兩國語言中的意思都是「山丘」，因此 Friuli Collio 與 Goriška Brda 其實是用兩種語言來描述同一件事。

自己來吧。猶豫不決和當時高薪的 IT 工作是兩大障礙。在成功去除這兩個障礙後，我所要做的就是說服出版商市面上需要一本關於橘酒的書。可惜沒有人被我說服，尤其當作者是個對寫書與研究沒有經驗的新貴葡萄酒部落客時。

幸運的是，事實證明眾多的橘酒愛好者、生產者和權威人士更有遠見。這本書在 2017 年秋季成功地在 Kickstarter 募資網上籌措到出版所需的資金。[3]

Sandi Skerk 在他的酒莊裡倒出一杯 pét-nat

---

3 完整的支持者名單請見本書附錄。

Sandi Skerk 充滿戲劇性的酒窖是卡爾索的石灰岩所鑿出

2

爭取
自我認同

喬治亞共和國與弗留利—威尼斯朱利亞和斯洛維尼亞西部之間有什麼相關之處？從表面上看來似乎沒有；三者之間在文化或語言上沒有任何共同點，邊界沒有共享，海洋或山脈之間也沒有相連之處。然而，若深入探究卻不難發現其相似之處。

雖然喬治亞與其強大的俄國鄰居的鬥爭，乍看之下似乎與斯洛維尼亞和義大利及其前奧匈帝國鄰居在兩次世界大戰後所遭受的衝突沒有共同之處；然而事實並非如此。這兩個地區的傳統釀酒文化因著政治動盪和現代化的緣故而幾乎從歷史中消失。

在蘇聯統治時代的喬治亞人生活在矛盾中。儘管他們獨特的語言和風俗被寬容地容忍，但仍不免受到蘇聯統治地位的影響。葡萄酒業特別遭到同化和重組，目的在於滿足蘇聯帝國對葡萄酒的強大需求。葡萄酒的釀造因此重量而不重質。

第一次世界大戰國境重新劃分後歸入義大利境內的斯洛維尼亞西部，在墨索里尼的統治下，種族和語言則受到嚴厲的壓迫。斯洛維尼亞東部的遭遇則稍微好一些。但在狄托（Tito）統治下實行共產主義的南斯拉夫與殘酷的內戰則導致了該

國在 1991 年分裂，也將斯洛維尼亞葡萄酒業數十年的努力給扼殺殆盡。

20 世紀身處弗留利、第里雅斯特、斯洛維尼亞和伊斯特里亞（Istria）地區的人們，以及另一頭的喬治亞人們，都很不幸地身處於政治無比動盪的區域。這些地區的國境邊界不斷地被重劃，他們的政府在第二次世界大戰後也不斷變動。在這段時間內，此區的人們在身分認同與生計維持上所受到的挑戰，以及之後爲了彌補在生理、心理上所受到的創傷而需付出的代價，實在令人難以想像。

同時，歷史也掩蓋了他們的故事，甚至使他們幾乎被世人遺忘。喬治亞現在會被許多人認爲是古代最重要的葡萄酒國家之一，是由於 Patrick McGovern 及其團隊在喬治亞發現考古證據，證實當地葡萄酒釀造和飲用的歷史得以追溯到西元前五千八百年到六千年，喬治亞因此能夠以身爲全球釀酒歷史最悠久且持續的國家而自豪。然而，在 2000 年出版、備受讚譽的《葡萄酒簡史》（A Short History of Wine）一書中則卻僅提及喬治亞一次，而且沒有提到該國以土埋陶罐釀製葡萄酒這個如今依舊存在的古老傳統。Rod Phillip 的作品十分出色，在出版時絕對無人能及。不過蘇聯或許在極大程度上刻意掩蓋了喬治亞的歷史，加上當時若要到該國進行研究也相當困難，顯然因此造成書中的盲點。Rod Phillip 提到在伊朗有飲用葡萄酒的證據（在當時是歷史上能找到的最古老的葡萄酒相關紀錄），也提出對美索不達米亞和中東地區釀酒傳統的各種假設；但在寫到高加索地區和喬治亞時，則僅簡短的提到這個區域可能仍埋藏著不爲人知的葡萄酒秘辛。

深鎖於南斯拉夫共產主義鐵幕中的斯洛維尼亞，也遭遇類似的命運，一直要到 1990 年代才開始被西方葡萄酒世界所注意。斯洛維尼亞的近代歷史並不曾被外界用放大鏡檢視。圖書館中關於第一次世界大戰歷史的書架上滿是關於帕斯尚爾（Passchendaele）、索姆河（Somme）和馬恩河（Marne）等戰役，但伊松索河（Isonzo）戰役的長期血腥屠殺之細節依舊鮮爲人知。

此外，斯洛維尼亞和毗鄰的弗留利兩地都缺乏主要大城也使情況雪上加霜。葛利許卡—巴達、伊松索和寇里歐在 20 世紀大部分時間都是陷入貧困的農業區。幾

Josko Gravner 在 2006 年接收一批剛運到的陶罐

十年來，世界的眼光都沒有聚焦於這些農民的土地上，而忽略了其中蘊藏的寶藏。

隨著戰爭的磨難、不斷重劃的邊界和動盪不安的政治局勢，亞得里亞海周圍的分裂國家失去了不少東西，包括隨著現代釀酒技術的發展而在戰後幾十年裡消失的浸皮白酒釀造法。誰能料想得到數十年後，來自義大利寇里歐一個小村莊兩位極具遠見的釀酒師（Joško Gravner 和 Stanko Radikon）會成為使浸皮白酒重新登上世界舞臺的關鍵人物。而他們也付出代價，被同行、客戶和酒評家視為瘋子和異端。正如同先祖一樣，他們所面對的掙扎，最終的目的是在找回失去的自我認同。

文化認同可以用多種形式呈現：它可以是關於藝術、美食、種族、語言或以上所有的混合體。在全球以農業為主的地區，產自當地的農產品也是認同的一部分。

Mlečnik 的自製火腿

你能想像弗留利少了能在口中融化的聖丹尼爾（San Daniele）火腿、質地堅硬且味道濃郁的蒙塔希歐（Montasio）乳酪或略帶單寧的 Ramandolo 甜酒嗎？葛利許卡—巴達若沒有口味強烈的 pršut（生火腿）、在夏季新鮮採摘的櫻桃或 Rebula 葡萄酒，又會呈現何種面貌？

2011 年 Stanko Radikon 攝於家中

就葡萄酒而言，所謂的身分認同在 20 世紀多半都變了樣，因為工業化與全球化的發展硬性地決定了哪些是可行或不可行的生產方式。弗留利—寇里歐和斯洛維尼亞的巴達都突然轉變爲現代化的釀酒中心，代價卻是抹殺了本地專屬的 DNA。試圖重新找回本地的純正性和傳統，宛如要回到過去般困難。

喬治亞的釀酒師也經歷了類似的過程，同樣眼看著他們的傳統幾乎消逝，但在最後一刻將之挽回。相較於其他現代國家，喬治亞的民間傳統與葡萄酒和食物之間

有著相當深層且難以分割的聯繫。任何有幸造訪這個國家或參加過他們的 supra（意思是傳統盛宴，包含歌唱、敬酒和飲酒）的人，都會對喬治亞人們的熱情和擅交際感到印象深刻。這也讓我們看到，葡萄酒不僅是一種液體，也是社會延續的一部分，在傳統與自我認同上都具有重要意義。

陶罐在喬治亞四處可見

對想要重拾眞實傳統的釀酒師們來說，最大的挑戰來自與現代化科技的鬥爭。他們清楚最優異的葡萄酒並不總是來自具高科技釀酒設備的酒廠，反倒是出自於相對簡樸的酒莊。後者了解要能釀出優異的葡萄酒首要條件是具有完美的葡萄，並要對土地表現出最大程度的尊重，以及對過去傳統和文化表示認同。

在之後的歷史中，浸皮葡萄酒意外地成爲前奧匈帝國亞得里亞海和高加索兩區域不同文化之間的連結點。

在喬治亞提弗利司（Tbilisi）Barbarestan 餐廳的樂師

在波爾尼西（Bolnisi）的 Brothers Winery 家人與朋友相互敬酒致意

橘酒、琥珀色的酒、浸皮或果皮接觸葡萄酒？

命名這件事是個棘手的任務。有時候，一般常用的名稱可能並非是最合乎邏輯或最有用的，然而重點在於這些名稱是否已經被普遍接受。

在本書中，我統一採用「橘酒」一詞。「但這些葡萄酒並不總是橘色的！」學究們哭喊著，而他們一點也沒錯。（真討厭，學究們通常都是對的！）然而白酒並不總是白色的，紅酒更從來不是真正的紅色。但這都是常見的說法和被廣泛同意的簡易溝通方法。

統計數字顯示，「橘酒」一詞贏得了這場命名戰役。這是最廣泛使用的術語，已經出現在無數的酒標上，許多餐廳的酒單也以此做為經過浸皮過程葡萄酒的類別名稱。

許多釀酒師不喜歡這個名詞，原因之一是他們葡萄酒的顏色並非橘色（如上文所述），亦或他們不希望自己的葡萄酒與自然酒運動有所關聯。Joško Gravner 偏好「琥珀色的酒」（Amber Wine）一詞，而如今這個名稱也在喬治亞廣泛使用。

也有人建議最好以「果皮發酵白酒」（Skin-fermented White）或是「果皮接觸白酒」（Skin-contact White）來稱呼這類葡萄酒。這些說法是準確的，卻不適合現代的葡萄酒風格分類方式。他們使用帶著技術性的通俗名稱，而非以大多數葡萄酒飲用者所習慣的簡單顏色分類。

葡萄酒講師和釀酒師 Tony Milanowski 為此提出一種非常清晰的思路，給了此四色系統一個完美的理由：「在談論葡萄品種時，我們會提到紅色和白色品種。在談論葡萄酒時，我們會提及酒款是來自葡萄汁還是葡萄皮。既然這給了我們四種組合，那麼為什麼不能是四種葡萄酒呢？」

以下是四種分類：

白酒	橘酒	粉紅酒	紅酒
使用白色品種的葡萄汁釀造（不使用葡萄皮）	使用白色品種的葡萄汁與葡萄皮釀造的白酒	使用紅色品種的葡萄汁釀造（幾乎不使用葡萄皮）	使用紅色品種的葡萄汁與葡萄皮釀造

弗留利與
斯洛維尼亞

巴達的葡萄園

1987 年 6 月

Joško Gravner 從加州回來後一心只想趕快回到奧斯拉維亞，確認他心愛的葡萄園沒有沾染上任何疾病。初夏對葡萄生長來說是一個關鍵時期，因此他在此時缺席十天絕非理想。然而他現在卻被困在威尼斯馬可波羅機場，沒有車，只有沮喪和憤怒。

他試著打電話給妻子 Marija，希望讓她知道可以按照先前的安排來接他，但是電話只是不斷地響卻沒人接。Gravner 並不知道暴風雨已將電話線切斷，也將奧斯拉維亞與世界隔絕。他所打的電話因此消失在無盡的穹蒼中。

最後，他找到住在第里雅斯特的妹妹，他妹妹想辦法傳了信息給 Marija。幾個小時後，Marija 到機場找到她垂頭喪氣的丈夫。「你在加州學到了什麼？」Marija 問道。「至少現在我知道什麼是我不該做的。」Joško 回答。

當鄰近上阿迪杰（Alto Adige）的釀酒師邀請他參加這次一切都安排好的加州行時，一開始看來是個相當好的計畫。加州當時被視爲建立現代葡萄酒業的理想模式。自從 1976 年巴黎品酒會（Judgement of Paris）[4] 的勝利以來，黃金州的聲望不斷上漲。從相對落後的義大利北部農村羨慕觀看，加州似乎具有完美的釀酒設備和無敵的銷售機制。

然而，一旦近距離檢視，現實狀況卻截然不同。加州的頂級酒款完全無法觸動 Joško 的心靈，對他來說，一切都過多了：酒精濃度過高、橡木味過重、葡萄園內灌溉過多。據說在此行程中他品嘗了約一千款葡萄酒，遍嘗之後只感到疲憊不

---

4 參見 176 頁，注 68，關於此傳奇品酒會的資訊。

堪。更糟糕的是,這位 35 歲的釀酒師在加州宛如在鏡中看到自己的足跡。正如加州的葡萄酒業不惜代價地以高科技打造各個釀酒廠,使用最新的技術來釀製各自的葡萄酒,Gravner 在 1973 年接手家族釀酒廠時,同樣也放棄他父親過時卻誠實的釀酒方法。

憑藉年輕人的熱情和野心,他無情地賣掉巨大的老木桶(botti)[5],並以他所能負擔的一切預算,買入不鏽鋼桶和各種現代設備。後來他發現光靠不鏽鋼無法釀製出複雜而優異的葡萄酒,因此還投資買下法國新橡木桶,那是 1980 年代掃遍義大利的一種釀酒時尚,同時期流行的還有肩墊和捲毛狗般的髮型,但後來都過時了。

不論如何,Gravner 的葡萄酒十分受歡迎,經常被搶購一空。但 Gravner 卻沒有滿足於如此非凡的成功,反而覺得自己陷入死胡同。加州向他展示了一種未來願景,但這並不是他所想要的。那麼他該如何重新找回身為釀酒師的真實感呢?

這個問題的正確答案在十多年後才出現,但其所帶來的衝擊不僅限於義大利葡萄酒業。最終它也使一個在幾十年前就完全失去了一切的村莊重新找回自我認同。

5　這是一種 1,000 公升(或以上)的大型老式木桶,通常以斯拉夫尼亞或奧地利的橡木所打造。

3

破壞與迫害

Gonjaĉe 是離義大利／斯洛維尼亞邊境幾公里，位於奧斯拉維亞的一個不起眼的小村莊。然而往村外走去，四處山丘青翠秀麗、風景壯闊。葛利許卡—巴達與義大利的弗留利—寇里歐兩者名稱雖然不同，但意思一樣，都有著綿延不絕的葡萄園。天氣晴朗時，可眺望朱利安和卡爾尼克阿爾卑斯山（Julian and Carnic Alps）；幸運的話，甚至可以瞥見多洛米提（Dolomites）山脈。在這個山峰上有一個外觀頗為醜陋，但以實用的混凝土結構蓋成的觀景塔，能使遊客登高至 23 公尺處。由此 360 度鳥瞰全景，寧靜的田園風光讓人感覺此處在一千年的沉睡中似乎仍未被喚醒。義大利和斯洛維尼亞之間的國界幾乎是無形的，沒有邊境巡邏，沒有帶刺鐵絲網，也沒有武裝警衛，僅有以無數葡萄藤交織而成的露天劇場、村落、林地和山脈點綴其中。

相較於恬靜美景，埋藏在這些山丘裡的歷史則大不相同。這座觀景塔是第二次世界大戰紀念館的一部分，用來紀念葛利許卡—巴達在戰場中喪命的 315 名軍人。時間若再往前推 25 年，到了第一次世界大戰時期，喪命人數更是驚人地升高。1915~1917 年間，該地區在奧匈帝國和義大利軍隊的抗爭中遭到摧殘，兩軍之間的血腥苦戰將該處變成荒地。

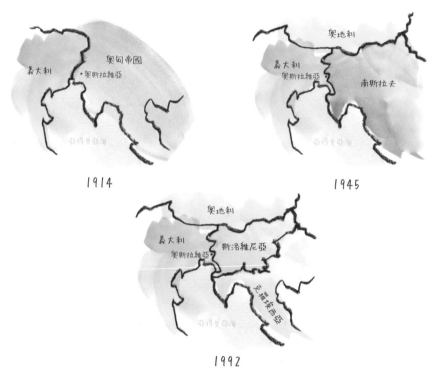

1914

1945

1992

亞得里亞海區域在 20 世紀不斷重新劃定的邊境

1916 年被毀壞的奧斯拉維亞

伊松索戰役沿著伊松索河岸打了十二回，沿著斯洛維尼亞境內的阿爾卑斯山往下游到了弗留利，在 29 個月內共有約 175 萬 [6] 名士兵傷亡。儘管奧德以武力強占弗留利和唯內多（Veneto）大約一年的時間，但在 1918 年底，義大利成功地奪回其東北角的領地以及奧匈帝國的大片土地，當中包括第里雅斯特和周遭的卡爾索、伊斯特里亞以及現今位於斯洛維尼亞的葛利許卡—巴達和維帕瓦（Vipava）山谷地區。

戰爭帶來的破壞規模遠超過索姆河及帕斯尚爾戰役，但如此殘酷和毫無必要的屠殺卻幾乎被歷史所遺忘。奧斯拉維亞位於整個戰場的中心，身為作家和《Veronelli 葡萄酒指南》撰稿者的 Marco Magnoli 便提到：「前六次的戰役摧毀了整個山丘，也帶走了此區居民的個人與社會兩者的身分認同。」[7] 在 1916 年戈里齊亞的戰役中，在經過 50 萬發子彈和 35,000 枚砲彈的轟炸之後，奧斯拉維亞（Oslavje，斯洛維尼亞文名稱）遭到嚴重無比的破壞，以至於在戰爭結束後，必須改到另一個地方重建，此區的地形輪廓被完全改變，所留下的僅有「完全變形，帶著黃色硫磺和粉碎石頭的山丘」[8]。

此區唯一遺留下來的只有一棟房子，仍舊樹立在原來的位置，奇蹟似地從兩次世界大戰中倖存。地址是 Lenzuolo Bianco 9，自 1901 年以來便為 Gravner[9] 家族擁有。Lenzuolo Bianco 的義大利文意思是「白色床單」，名稱可以追溯到第一次世界大戰，當時所指的是那道被士兵從山谷對岸當作射擊目標的白牆，而房子本身在戰爭期間用作傷兵醫院。

6 John R. Schindler, *Isonzo: The Forgotten Sacrifice of The Great War* (Westport, CT: Praeger, 2001).

7 Brozzoni, Gigi, et al. *Ribolla Gialla Oslavia The Book* (Gorizia: Transmedia, 2011).

8 出處同前，p.51。

9 Gravner 是斯洛維尼亞語的名稱，原本應發音為「Grauner」（與「browner」押韻）。不過，此家族說他們會將 V 的音發出。

在奧斯拉維亞及周遭地區飽受戰爭迫害與掙扎於飢荒之中的人，很難對義大利政府大肆宣傳的 1918 年大勝利有所共鳴。不僅此區在戰爭中喪失的人力和物力代價無法估算，而且在戰後協議被劃入義大利國界的居民都是斯洛維尼亞人。他們剛剛非自願性地成為義大利公民，而他們的苦難才要開始。

第一次世界大戰後，327,000 名斯洛維尼亞人一夕之間被劃入義大利的新邊界，包括弗留利—寇里歐與鄰近亞得里亞海的卡爾索兩區的眾多葡萄酒農，而其中許多酒農的葡萄園則是相當不方便地位在新國境的另一邊。這場反覆出現的殘酷邊界拉鋸戰在第二次世界大戰和 1950 年代初期一直持續著。最終，南斯拉夫獲得威尼斯朱利亞（第里雅斯特周圍的義大利沿海地區）的一部分。但對住在國境邊界附近的人們來說，生活依舊充滿挑戰。

隨著邊界隨意變化也出現不少奇聞軼事。像是有農民的畜舍入口處是義大利，出口卻位於斯洛維尼亞境內；或是同個家庭的主住宅和其他建築物分處兩國。不過有些故事則更為黑暗。現任寇里歐釀酒師協會（Consorzio Collio）[10] 總裁的 Roberto Prinčič 便提到 Mirko 的悲慘故事。Mirko 住在 San Floriano del Collio，這是一個比奧斯拉維亞海拔更高的山地村落，在 1945 年後更為接近義大利／南斯拉夫邊境。

Mirko 的家只有一個設在外頭的廁所，這在 1940 年代屬於常態。他的房子本身在官方界定上屬於義大利，然而廁所卻在南斯拉夫。所幸，Mirko 與駐紮在他街道上的邊防警衛成為朋友，兩個人取得共識，使得 Mirko 可以隨時「解放自己」。某個夜晚，Mirko 想要解放時，他的警衛朋友已經下班。然後只見一名他沒見過的士兵用槍指著他，命令他不准動。雖然 Mirko 試圖解釋，但最後還是被逮捕並入獄幾天。

10　「Consorzio」是由生產者所組成的協會。寇里歐釀酒師協會專門管理位於 Friuli Collio DOC 產區內與會員相關的一切事務。

第一次世界大戰後，奧斯拉維亞民兵組織紀念在戰時失去的 57,000 名士兵

現代的斯洛維尼亞邊境

第一次世界大戰後在 Francesco Miklus winery 留下
的彈頭

如今，多數奧斯拉維亞知名的釀酒家族——像是 Gravner、Radikon、Prinčič 和 Primosic 等——都來自斯洛維尼亞。1918 年以後，住在義大利的斯洛維尼亞人的生活相當辛苦。在法西斯主義和墨索里尼興起後，所有的斯拉夫語都禁止在上學和日常使用，只有在教會斯洛維尼亞人才可能用母語交談。斯洛維尼亞和克羅埃西亞人遭受極大的迫害，他們甚至被「鼓勵」永久離開義大利。

墨索里尼的極權統治企圖進一步消除任何非義大利文化的痕跡。1922 年開始全面實施「義大利化」，目的在於強迫少數民族的同化和融合。從 1926 年開始，生活在義大利新國境內的斯拉夫人被迫將名字改變為容易以義大利文發音的字。因此，Cosič 成為 Cosma，Jožef 成為 Giuseppe，而 Stanislav 則成為 Stanislao。

正是由於這個原因，Luigi Bertossi 並不是歷史書籍中經常出現的名字，而是強加在合唱團長和作曲家 Lojze Bratuž 身上的別名。他在戈里齊亞生活與工作，在兩次大戰之間於當地大力倡導斯洛維尼亞文化。他的工作是指導當局所批准的少數當地合唱團，並創作斯洛維尼亞傳統歌曲供他們演唱。1936 年，由於他從事的工作，使他慘遭法西斯分子的重毆並強迫灌食蓖麻油和汽油。兩個月後，他因中毒而去世，享年 35 歲。總而言之，斯拉夫知識分子和教育工作者在墨索里尼的統治期間絲毫不被容忍，因此許多人決定在戰爭期間移民而非留下來遭受與悲慘的 Bratuž 同樣的命運。

Lojze Bratuž

在墨索里尼於 1945 年遭推翻之後，表面上義大利似乎放棄了義大利化的文化種族滅絕運動，但實際上，它仍以微妙和陰險的方式持續很長時間。正如 Joško Gravner 的女兒 Mateja 證實的，直到 1970 年代初期，政府官員在新生兒出生登記時都不會接受斯拉夫

Mlečnik 釀酒廠外的防空洞

或其他所謂的外國名字。因此，Joško（1952 年出生）在文件上成爲 Francesco，正如他的父親 Jožef 因著政府的官僚而被迫成爲 Giuseppe 一樣。截至目前，這個家族的業務仍由宛如虛構人物一般的 Francesco Gravner 所正式擁有，而在2016 年成立的 Francesco Joško Gravner 子公司則僅是對歷史的微小彌補。

在各種資源、精力（人力）與資金都不足的情況下，在兩次大戰之間要談重建基礎設備或重新種植葡萄園何其困難。因此義大利寇里歐（現在包括奧斯拉維亞）萎靡不振，許多居民因此移居到義大利其他更繁榮的地區。整個弗留利—威尼斯朱利亞區直到 1963 年成爲自治省之前，都宛如一灘死水。葡萄酒歷史學家Walter Filiputti[11] 更以「沉睡的北方」（Mezzogiorno of the north）稱呼此區。

葛利許卡—巴達的居民有二十年的時間來適應他們的新義大利公民地位，接著在

---

11 Mezzogiorno 指的是義大利南部及其陽光明媚的氣候，但也用作貶義性的術語來描述南方的懶惰或落後態度。Filiputti 在他的 *I grandi vini del Veneto, Friuli, Venezia Giulia* 一書中創造了這一詞（2000 年）。Lojze Bratuž 以此描述弗留利在 19 世紀直到第二次世界大戰結束之間的情況。

Damijan Podversic 在寇里歐的葡萄園

第一次世界大戰後在伊松佐河戰役成爲戰場的薩博蒂諾山（Sabotino）

1941 年，此區遭納粹吞併。1945 年第三帝國（Third Reich）崩潰後隨之成爲南斯拉夫的一部分。由於南斯拉夫聯邦人民共和國於 1946 年宣布成爲一個對蘇聯友好的共產主義國家，身處鐵幕之下，相較於弗留利，葛利許卡—巴達有更長的時間宛如消失在世界上。在狄托 34 年的統治下，農民被迫將他們的大部分葡萄收成交給國家共同合作社，接著眼看著自己的收成被轉化爲品質低下的葡萄酒。

不過至少南斯拉夫的釀酒師沒有遭受到邊境另一邊的同胞所受到的迫害，但國土之間的分裂卻也帶來獨特的挑戰。釀酒師 Janko Štekar 居住在如今斯洛維尼亞邊境內名爲 Kojsko 的小村莊，他還記得直到 1990 年代才關閉的義大利和南斯拉夫之間的邊境檢查哨。幸好所有 Štekar 家族的住處與葡萄園都落在南斯拉夫境內，但他的一位朋友卻不那麼幸運。爲了去葡萄園工作，他必須進入義大利邊境，但最近的檢查哨從早上 10 點才開始有人站崗。在夏季和採收期季，10 點才開始工作已經太晚。通常葡萄園的工人和葡萄採收人員必須在早上 6 點甚至更早開始工作。如果沒有花兩小時繞道到最近的另一個 24 小時開放的檢查哨，這是不可能達成的任務。

許多其他的酒莊也面臨相同的挑戰。Movia 是位於葛利許卡—巴達一個歷史悠久的酒莊，莊主是知名的 Aleš Kristančič。他們的葡萄園剛好被邊境對切一半，因此需要藉著一些官僚的程序將酒液裝瓶成爲斯洛維尼亞葡萄酒 [12]。而如果 Uroš Klabjan 要從位於斯洛維尼亞的喀斯特（Karst）的酒莊開他的卡車則必須越過國界兩次，需沿著蜿蜒的山丘才能開到他位於高海拔的葡萄園。如今則僅需 10~15 分鐘的車程。

國籍或文化認同這概念在當地是相當模糊的，甚至因著國界的變遷而被消除。1914~1991 年間，居住在葛利許卡—巴達或鄰近維帕瓦山谷的斯洛維尼亞人從奧

---

[12] 斯洛維尼亞允許以在義大利境內採收的葡萄於酒標上標示斯洛維尼亞葡萄酒，然而義大利卻禁止使用斯洛維尼亞葡萄的酒款在酒標上標示爲義大利葡萄酒。誰較強勢一目了然。

匈帝國人變爲義大利人，再變成南斯拉夫人，最後於 1991 年因著國家獨立而成爲斯洛維尼亞人。Štekar 便提到生長在這段政治動盪的時期有多麼詭異：「我出生時的國籍是南斯拉夫，我的祖父是奧地利人，我父親則是義大利人，而我們都是在同一個房子裡長大的！」

值得慶幸的是，對那些不得不在這種瘋狂的官僚體制下工作的人們來說，當斯洛維尼亞於 2004 年加入歐盟，並於 2007 年成爲申根國家之一後，情況改善許多。哨兵和檢查站幾乎永久消失了 [13]。如今行駛在葛利許卡—巴達和寇里歐的寧靜鄉村小路上，可以在對過去人們每天所要面對的各種政治和個人紛擾毫不知情的情況下，幸福地在兩國之間毫無阻礙地來回穿梭。

其他的浸皮技巧

簡單而言，多數白酒的釀造都不需經過經浸皮過程。不過釀酒師會使用以下兩種浸皮方式，卻不至於產生橘酒：

發酵前冷浸泡

一些釀酒師喜歡將他們的白葡萄品種先在低溫下浸泡一晚，或者最多長達 24 小時。因爲溫度低，所以發酵無法開始（通常爲 10~15°C）。添加二氧化硫也可防止葡萄皮上的任何天然酵母啓動發酵過程。這樣的浸皮目的是要從葡萄皮中萃取芳香化合物，卻不萃取酚化物（單寧）或過量的顏色。

Macération pelliculaire

此法文術語所指的也是發酵前的浸皮過程，但通常溫度比冷浸泡更高（約 18°C）。這種做法在 1980 和 90 年代是非常受歡迎波爾多（Bordeaux）白酒釀造法。浸皮過程時間通常爲 4~8 小時。

---

13 2016~17 年間，由於大量的外來移民經由東南歐進入歐盟國家，義大利與斯洛維尼亞之間的檢查哨因此再次零星出現。

4

弗留利的
首次釀酒革命

1960 年代以前，在弗留利身爲釀酒師並沒有什麼值得誇耀的地方。相反的，此區有句俗話說：「Tas ca tu ses un contadin!」（閉嘴，你不過只是個農夫罷了！）[14]。釀酒師的地位在此跟農夫差不多，畢竟兩者同樣都在農地上工作。然而，1963 年當弗留利—威尼斯朱利亞獲得義大利五大自治區之一的特殊地位後，一切開始有了變化[15]。

新執政的地方政府不遺餘力地引進獎勵措施並立法來鼓勵該區的農業發展，尤其是葡萄種植產業。法規第 29 號有著詩意的副標題：「一個名爲弗留利的葡萄園」，當中提出一項雄心勃勃的計劃，目的在於提振弗留利的葡萄酒產業。釀酒廠可以向政府申請資金和教育訓練。對於能夠符合同在 1963 年成立的官方葡萄酒分級制度 DOCG（Denominazione di Origine Controllata e Garantita）法規所要求的

---

14 弗留利語（Friulian 或義大利文的 Friulano）是弗留利—威尼斯—朱利亞部分地區使用的官方語言，主要涵蓋 Udine 與 Pordenone 省和戈里齊亞省（Gorizia）的半數區域：但在奧斯拉維亞（Oslavia）則不使用。

15 其他的地區域爲薩丁尼亞、西西里、特倫提諾——上阿迪杰（Trentino-Alto Adige）與 Val d'Aosta。

嚴格品質規定的葡萄酒生產者，則更近一步提供財務上的獎勵。

這一切到來的時機再完美不過。1960 年代有一段時間，義大利的經濟突飛猛進，到了 60 年代末期，人們對優質葡萄酒的需求比以往任何時候都高 [16]。弗留利的幾個未來知名葡萄酒品牌都在這段期間成立，其中包括 Mario Schiopetto、Livio Felluga、Collavini、Volpe Pasini 和 Dorigo。他們的商業模式與先前完全不同，他們專注於釀造高品質葡萄酒，銷售通路包括全義大利並外銷。1960 年代之前，弗留利大部分的葡萄都是大批量出售並僅在當地消費，當時光是提到所謂的「商業模式」這類字眼，只會被人滿腹疑惑地看著。

Primosic 一款來自 1970 年的葡萄酒。酒標上的「Ribolla Oslavia」之後被禁止使用，而改用「Collio DOC」

隨著弗留利從戰後恢復，過去的血腥歷史也逐漸被遺忘，一場新的非暴力革命開始席捲此區。釀酒科學戰後在德國迅速發展，並首先越過義大利邊界進入主要講德語的上阿迪杰（即南提洛爾 Südtirol）地區。接著由前卡車司機 Mario Schiopetto 將之帶入弗留利—寇里歐。

Schiopetto 年輕、精明，並且因著他之前的工作而曾周遊各地。由於父母經營專供消防隊員入住的旅館，因此他是在餐旅業的世界裡長大的。1963 年，32 歲的他接管了家族事業。他也使用向附近教會租來的葡萄園所採收

---

16 見 Paul Ginsborg, *A History of Contemporary Italy: Society and Politics, 1943-1988* (London: Penguin, 1990)。

的葡萄開始在 Capriva del Friuli 釀酒。他相當依賴在上阿迪杰積累了豐富德國新式釀酒經驗的釀酒師 Luigi Soini 的專業知識。Soini 自 1969 年起在位於寇里歐的 Angoris 酒莊擔任釀酒師，之後擔任 Cantina di Cormons 的總監。他精通所有的最新技術，正如弗留利葡萄酒專家 Walter Filiputti 所說：「他在談論控制發酵和無菌裝瓶的技術時，講得宛如是一種全新的語言。」[17]Schiopetto 還與德國發酵技術和機械的市場領導者 Seitz 公司的研究主管 Helmut Müller-Späth 教授成為好友。

這樣的技術優勢使 Schiopetto 創造出一種新的白酒風格，也徹底改造了弗留利釀酒過程。Filiputti 便提到：「品嘗這些葡萄酒就像體驗一個新世界。」[18]Schiopetto 的葡萄酒純淨而清澈、水果香氣豐富，口感清新活潑，與當時的大多數白酒風格完全不同；傳統的白酒顏色往往更深、口感平淡而疲軟。它們被認定是義大利第一個以現代風格釀造的白酒，也使 Schiopetto 在義大利釀酒史上得到崇高的地位。

避免氧化

氧氣是維持葡萄酒新鮮度的大敵，而如今多數白酒都依賴二氧化硫來避免氧化。白酒相對脆弱、容易腐壞，因為它們缺乏來自葡萄皮內具保護作用的酚化物。在釀造過程，葡萄皮和葡萄梗通常在新鮮葡萄被壓榨時便被捨棄，但在釀造紅酒時卻是發酵過程的重要成分。

Schiopetto 到底是如何創造出這樣的釀酒奇蹟？他周遭的釀酒師都想知道，尤其因為 Schiopetto 葡萄酒的要價與售價遠遠高出其他老牌酒莊。雖然眾人對 Schiopetto 的興起略有微詞，私底下卻紛紛瘋狂收購，以便藉著品嘗和分析來發掘酒中的秘密。

---

17 *Walter Filiputti, Il Friuli Venezia Giulia e i suoi Grandi Vini* (Udine: Arti Grafiche Friulane, 1997), p.70。

18 出處同前。

Schiopetto 的成就並非魔術伎倆，而是採用先前不被寇里歐產區所知的最新釀酒技術。他的成功關鍵在於不用水泥槽或傳統大型的斯拉夫尼亞橡木桶（botti）進行發酵，改以具溫控功能的不鏽鋼桶。藉此，發酵的溫度得以較低且更受控制，而不再仰賴環境溫度或石槽來阻止發酵過度 [19]。相較於 Vaslin 舊螺旋壓榨機，德國公司 Willmes 於 1951 年發明的氣動壓榨機（pneumatic press）能使葡萄在壓榨過程得到更為輕柔的對待，同時也避免過早發酵或氧化的風險。

在這段期間上市的各種釀酒產品也功不可沒，包括由實驗室培養出來的酵母菌株，能可靠地將葡萄酒發酵至干型，避免了天然酵母的不可預測性。Campden 二氧化硫片劑的發明，能使抗氧化劑與抗菌劑更為簡便地添加到葡萄、木桶以及發酵的酒液內。因此，從葡萄園到最終裝瓶的各個葡萄酒生產過程得以精確控制和管理。

Ramato：

古銅色的 Pinot Grigio

弗留利的 Pinot Grigio 長久以來在唯內多一直十分受到歡迎，但過去其酒色可不是如今大家所熟悉的近乎水白。Pinot Grigio 是 Pinot Noir 的無性繁殖系變種，葡萄皮為粉紅色。只要葡萄皮在發酵過程與酒液接觸幾個小時，葡萄酒便會呈現出鮮明的粉紅色甚至古銅色。

這些 Pinot Grigio 葡萄酒在威尼斯當地稱為 Ramato，來自義大利文的 rame，亦即古銅色。Pinot Grigio Ramato 通常經過 8~36 小時短時間的浸皮過程。這類酒款的產生也可能是個意外，因為使用籃式壓榨機（basket press）要將葡萄皮與葡萄汁分開是很費時的，這也意味著在壓榨的過程中可能會受到葡萄皮的影響。

在 1960 年代，浸皮白酒開始退流行，但 Ramato 風格的 Pinot Grigio 還繼續存留了一段時間。不過自 1990 年代起也逐漸消失。如今 Ramato 這個名稱開始在世界其他區域被使用，主要是向其發源地致意的一種方式。位於美國長島的葡萄酒生產者 Channing Daughters 釀製的 Ramato（經過 10~12 天的浸皮）便是遵照這個古老的傳統，但在風格上略有不同。

19　在溫暖的條件下，發酵溫度很容易達到 30°C 甚至更高。當溫度升高到這樣程度時，葡萄品種中許多更微妙的香氣可能會失去。

La Castellada 的橡木發酵桶

Klemen 與 Valter Mlečnik 與其源自 1890 年的籃式壓榨機，如今仍然使用中

Schiopetto 的創新花了幾年時間才獲得認可。但在 1970 年代初期，另外兩家位於寇里歐的重要葡萄酒莊已採用他的做法：在鄰近的 Ruttars，Silvio Jermann 剛接管了父親的酒莊，開始建立他的龐大葡萄酒帝國（如今有約 160 公頃的葡萄園）；在家族位於 Brazzano 的新酒莊工作的 Marco Felluga，也採用了這樣的新風格。其他酒莊也相繼效仿。總而言之，他們為義大利消費者提供了宛如「聖杯」一般的葡萄酒。這類白酒口感純淨、清新、果味十足，是義大利前所未見的現代風格。

這類創新方法意謂著白酒風格有了重大的改變，不僅在寇里歐，更是影響了整個義大利。過去弗留利等貧困農村地區的釀酒師大多仰賴家族酒窖中歷史久遠的古老設備，老舊的籃式（螺旋式）壓榨機和大型橡木或栗木桶通常已有幾代的歷史，要使釀酒設備保持衛生清潔是件奢侈的事。用籃式壓榨機來榨汁是個緩慢且勞動密集的過程，需要的是數小時而不是幾分鐘。也因此葡萄面對的是兩種風險：其一是氧化，其二是發酵過程可能會在釀酒師預期之前便自發地開始。

戰前，對於如何避免葡萄酒氧化或使酒款呈現豐富年輕香氣的科學研究並不容易取得。如果沒有培養酵母的發明和簡易的二氧化硫添加法來維持葡萄酒的新鮮度，這些白酒有時會在上市之前因發酵未完全而變得微甜 [20] 或已部分氧化。不過，在弗留利和斯洛維尼亞的釀酒師長久以來一直擁有一種代代相傳，用來解決氧化問題的傳統秘密武器，也就是讓葡萄酒經過長時間的浸皮過程。他們會將白葡萄品種與其葡萄皮浸漬／發酵約一週或更長時間，一來不僅可以萃取更多的風味和香氣，二來還能增進葡萄酒中的單寧和結構，使之更加堅實。釀酒師 Stanko Radikon 便記得他的祖父總會將他的 Ribolla Gialla 葡萄經過浸皮過程，因為這是唯一能確保家族葡萄酒保存一整年而不會壞掉的方法。

20　如果葡萄酒是用來自其葡萄皮或環境中的天然酵母進行發酵的，有時可能沒辦法將葡萄糖完全發酵至干型。

在亞得里亞海周遭區域，將白酒經過幾天甚至幾週的浸皮是相當常見的方式，在19 世紀的許多文獻中都有記載。Vinoreja za Slovence（斯洛維尼亞的釀酒法）是由著名的斯洛維尼亞作家、牧師兼農民 Matija Vertovec 以如今已成爲古老的斯洛維尼亞方言於 1844 年寫成。Vertovec 住在維帕瓦山谷，位於奧斯拉維亞以東約 40 公里的一個斯洛維尼亞小村莊。他旅遊經驗豐富，並受過良好教育。身爲一位優異的演說家，他的講道吸引了大批觀衆。

Vertovec 所撰寫的釀酒手冊十分務實，以簡單但時而詩意的方式編寫，目的在於使該區大部分未受過敎育的農民能夠輕易理解。手冊的內容經過十分扎實的研究，一部分則根據 Vertovec 自己的實驗。然而，手冊的一開始，他先給讀者寫了一段警語：

> 無論上帝提供了怎麼樣的良善事物，人類都會以自己的冒昧傲慢與忘恩負義的態度將之毀滅。葡萄酒是上帝賜下的特別禮物，根據《聖經》它能使我們心靈歡喜。因此，當人需要精神和體力時，可以有節制地飲用葡萄酒。如此一來，就像燈裡的油一樣，生命的火焰會照亮人們，使其過著長壽健康的生活。[21]

在一系列關於釀酒技術的細節和討論中，他指出在維帕瓦山谷，釀造葡萄酒時通常會將葡萄皮保留「24 小時到 30 天」不等，這個做法會「讓它改善葡萄酒的風味和持久性，並確保它能發酵至干型」。他甚至將此浸皮發酵技術稱爲「維帕瓦山谷釀酒古法」，因爲該技術在一百五十多年前便已存在。

然而僅僅一個多世紀後，這種製作白酒的古老方法在 1960 和 70 年代不再流行。原因在於 Mario Schiopetto 製作純淨白酒的新方法遍及寇里歐與其他各處。傳統

---

21 Matija Vertovec, *Vinoreja za Slovence* (Vipava, 1844).

唯一一張斯洛維尼亞神父兼學者 Matija Vertovec 的照片

的浸皮白酒開始被視為老土，僅適合在農民的餐桌上供應，但不配被裝瓶出口到羅馬、米蘭或拿坡里的高級餐桌上。

葡萄酒的大量生產之後開始成為弗留利的生命線。此區剛從兩次世界大戰中倖存下來，遭受大量的人口流失、飢荒以及人們從鄉村遷移到城市等問題，且仍因貧困和缺乏當地基礎設施而無法重新振作。1976 年 5 月 6 日，一場 6.5 級的地震造成近千人死亡，在一分鐘內摧毀了弗留利和巴達的一些村莊。總共有 77 個村莊受到地震的影響，造成 157,000 人無家可歸，但該區的葡萄園幾乎沒有遭受任何破壞。1976 年的葡萄採收成為此區的希望燈塔，一時之間葡萄和葡萄酒成為弗留利的希望之光。

文藝復興時期的橘酒？

葡萄酒大師伊莎貝爾・雷爵宏（Isabelle Legeron MW）在她於 2014 年出版的《自然酒》（積木文化出版）一書中提到，在文藝復興時期繪畫中的葡萄酒看起來都比較像是橘色而不帶透明色澤，原因可能在於當時的人所喝的是橘酒。雖然這樣的分析似乎不無道理，但荷蘭歷史學家和葡萄酒專家 Mariëlla Beukers 表示這樣的說法是不正確的。

「畫作中的這些貴族所喝的可能是當時地位崇高的甜酒。」Beukers 說道。另一種解釋是：當時幾乎所有的葡萄酒都儲存在木桶而非酒瓶中。此外，缺乏對發酵的科學知識也意味著白酒更容易氧化，而呈現出更深的色澤。

19 世紀奧匈帝國的橘酒

在牧師兼作家 Matija Vertovec 撰著的《Vinoreja za Slovence》（1844 年於維帕瓦山谷出版）一書中指出，連皮發酵的釀酒法在維帕瓦山谷和斯洛維尼亞部分地區相當常見。儘管他並不完全支持這樣的釀造法，卻也同意這是個能讓葡萄酒更加穩定的實用技巧。

他詳細引述了 Klosterneuburg 葡萄酒學校校長 August Wilhelm von Babo 的做法，大力讚揚這種所謂「北方」或「德國式」釀酒法，也就是白葡萄品種經過壓榨，去除葡萄皮後在橡木桶中發酵。

最後他的結論是，德國葡萄酒「十分美味而可口」，但缺乏高貴的香氣、酒精濃度低，由於缺乏單寧，因此也不是那麼健康，並不適合身體虛弱的人。

根據他在 1820 年代的實驗，Vertovec 的結論是，儘管維帕瓦山谷此區某些釀酒師採用的浸皮過程長達一個月，但是最佳的時程約爲 4~7 天。

Vertovec 也仔細描述了發酵過程在北部和南部的差異。他提到，在寒冷的北方國家，葡萄通常會先經過壓榨，並將葡萄汁儲存在封閉的木桶中發酵，這樣的過程有時相當緩慢。他還指出，北方國家因爲寒冷，因此人們必須吃得更多才能得到滿足。這樣的說法暗示了他認爲北方人較未開化，並且有酗酒的傾向。

在較溫暖的南部地區，浸皮過程一般是在開放型的大酒桶中進行，使發酵可以更快速與劇烈的開始。同時他也詳細說明釀酒師可以如何控制發酵溫度，例如可將酒窖門開著或關起。如果需要緊急冷卻發酵溫度，可以將水倒在蓋住的酒桶上。

令人困惑的一點是，他提到在寇里歐（當時幾乎全數隸屬於奧匈帝國），北方釀酒法普遍受到歡迎。這與該區現存的證據有所不同。現今當地的釀酒師都聲稱他們的祖先多半採用浸皮發酵法來處理他們的白葡萄品種。

在 Vertovec 的文章裡，對白、紅酒釀造的區分往往有些模糊，部分原因可能在於不是每個人都以這種方式區分葡萄酒。1873 年在維也納出版的《Die Weinproduction in Oesterreich》詳盡調查報告中，作者 Arthur Freiherr von Hohenbruck 的結論爲此提

供了較爲明確的資訊。他證實在維帕瓦山谷地區所釀造的白酒口感濃郁、單寧高，因爲葡萄酒通常經過 5~6 天的浸皮過程。

然而，對於其他奧匈帝國地區，如達爾馬提亞（Dalmatia），他便指出在當地通常不會將紅、白葡萄品種區分開來。但在史泰利亞區（Styria, 我們不清楚他所指的區域是現代的奧地利或斯洛維尼亞），他提到和 Riesling 和 Muscat 通常是經過浸皮發酵過程。

從這兩本書中我們可以清楚地了解，南歐（包括奧匈帝國的大部分和義大利）所使用的更傳統而質樸的釀酒傳統，釀造出來的便是我們現今所謂的橘酒。歐洲北方，像是德國和法國北部，白葡萄品種通常是立即去皮後壓榨，以便釀造出更輕盈優雅的風格。

於 1821 年在維也納出版的《Der Weinbau des Österreichischen Kaiserthums》一書中，作者 Franz Ritter von Heintl 寫道，在奧匈帝國的某些地方常見的情況，是將白酒以釀製紅酒的方式在開放型的大酒桶中發酵。整個 19 世紀，德國和奧地利的文獻記載中有不少地方都提到這樣的釀造方式。

回顧葡萄酒釀造的歷史，要將白酒和紅酒釀造過程做出區隔似乎越來越困難，因爲過去所有的品種通常都是一起種植、採收與釀造。唯一少數的例外是那些歷史悠久，具有釀造昂貴優質葡萄酒文化的產區，如波爾多、布根地（Burgundy）與摩賽爾（Mosel）。

歷史學家 Rod Phillips 在他的《葡萄酒簡史》一書中指出，古希臘或羅馬人都沒有將紅、白酒做出明確的區分，他推測原因在於所有的葡萄酒都是連皮發酵的。但他也注意到羅馬人特別喜愛甜白酒，而這類甜酒則是以馬德拉法（故意氧化）的方式釀製的。

5

弗留利的
第二次釀酒革命

Jožef Gravner 在釀酒上建立了無與倫比的聲譽，但在 1968 年之前他從未考慮將自己的葡萄酒裝瓶。他所釀的葡萄酒通常在酒窖的大型木桶熟成後，裝在 damigiane（大型玻璃瓶）[22] 賣給當地的餐館和酒吧。正如他的兒子 Joško 所說：「他釀得不多，但品質都很好。」為了強調品質比產量更重要，他總會開玩笑地說最好的糞便是兔子的。他的成功關鍵在於酒窖對衛生方面採取的高標準，這在葡萄酒科學被正確理解之前的那個世代通常都遭到忽略。

老 Gravner 身處的年代是個光靠誠信便足以作為銷售工具的時代，他的理念是：「如果你釀造的葡萄酒品質夠高，便會有買家。」Joško 把父親的話銘記在心，但也覺得自己可以在不犧牲品質的情況下增加產量。他在 1973 年接管了父親在 Lenzuolo Bianco 9 的酒莊，一開始，他也曾從 Mario Schiopetto 身上尋求靈感。「Schiopetto 很聰明，」他謹慎地回憶道：「但我感覺他是比較『看重錢』的那種人。」

22　這是 20~60 公升寬身窄頸的玻璃容器。

到 1980 年代，弗留利發現自己在義大利葡萄酒舞臺上有了一個全新的身分。此區葡萄酒開始廣受好評，成爲純淨、芳香型白酒的首選產區。假如弗留利是這類風格葡萄酒的主要產區，那麼 Joško Gravner 便是該區的主要人物。他很快地掌握了這類口感清新，採用冷發酵過程的葡萄酒風格，並將之用在自拿破崙時代便種植在該區的國際品種如 Chardonnay、Sauvignon Blanc 與 Pinot Grigio。

左至右：Giorgio Bensa、Edi Kante、Joško Gravner、Stanko Radikon、Nicolo Bensa，攝於 1992 年。

Gravner 是個深思熟慮、聰明，有時甚至有點孤僻的人，但他也有雄心壯志，渴望突破界限。他率先採用現代葡萄栽培技術，像是綠色採收（Green harvesting），在夏季從葡萄藤中去除一定比例的未成熟的果串，以激勵葡萄藤得到產量較少但品質更高的果實。如今，綠色採收是優質葡萄酒產區的標準做法，但對歷經兩次大戰後的饑荒年代而倖存下來的老一輩奧斯拉維亞居民而言，將大自然所賞賜的果實給丟棄在地上簡直是異端邪說。在 Gravner 於 1982 年首次嘗試這項技術後，許多人多年來一直把他視為拒絕往來戶。

1985~1999 年間，有一群同樣充滿創意與熱情，主要來自斯洛維尼亞的釀酒師，常常與 Gravner 一同聚會，一起品嘗葡萄酒並討論工作上的大小事。Stanko Radikon、Edi Kante、Valter Mlečnik、Nicolo 和 La Castellada 酒莊的 Giorgio 'Jordi' Bensa、Angiolino Maule（La Biancara 酒莊）和 Alessandro Sgaravatti（Castello di Lispida 酒莊）等是核心成員。1980 年代末和 1990 年代初，這群天才釀酒師也留下一系列令人回味無窮的照片。Gravner 在他所撰寫的兩部名為《G》的書中，第一本便感性地描寫到他的這群同事：

> Niko、Walter、Angiolino、Stanko、Edi、Jordi、Alessandro 他們是朋友也是我的釀酒師同袍。他們是嚴肅對待釀酒這件事的生產者，不會因為貪圖快速回本而有所妥協。他們是一群 Contadini[23]，但清楚知道自己該做什麼以便釀造出更好的葡萄酒，並在酒窖和葡萄園中日復一日地遵循這些原則。我們經常聚會，相互較量想法和葡萄酒。我們每個人前方都有艱難的道路要走，還需要辛勤工作多年，也會犯許多錯誤並得為此付出代價。我們也從錯誤中學習。
>
> 也許有一天，這些錯誤也會幫助我們釀造出比以往任何時候都更優異的葡萄酒。[24]

23　農夫之意。

24　《G》是由 Gravner 酒莊於 1997 年所出版，僅用來贈送朋友和酒莊訪客。

左至右：Alessandro Sgaravatti、Giorgio Bensa、Angiolino Maule、Stanko Radikon、Joško Gravner、Edi Kante、Valter Mlečnik、Nicolo Bensa，攝於 1990 年代中期

諷刺的是，1997 年當他的書出版後不久，他就完全脫離這群朋友圈子，繼續獨立完成他的工作。

儘管他們關係宛如良師、同事與學生的複雜綜合體，但從 Gravner 總是位處照片中央的位置可以看出，他無疑是主導者。Edi Kante 便清楚地記得：「他就像是師傅，而我們是學生。」Gravner 並不僅僅滿足於釀造以不鏽鋼桶發酵的新鮮白酒，他有更宏偉的目標，靈感來自法國和布根地的優質葡萄酒。1980 年代中期，他開始將葡萄酒陳年於新的法國橡木桶，以便得到更豐富而強烈的口感。他的葡

萄酒佳評如潮，但 Gravner 並不滿意。

在充滿現代技術和昂貴法國橡木桶的酒窖中，使得此區葡萄酒的本質開始變得模糊。這無疑是個極大的諷刺，因為戰後的弗留利葡萄酒就是以如此現代而精煉的釀酒風格受到矚目。在 Gravner 的加州行之後，他清楚自己必須往別處尋找靈感。

這樣的想法是在他與朋友 Luigi 'Gino' Veronelli（義大利最著名的葡萄酒評家，用他宛如撰寫詩歌般的文筆徹底改變了葡萄酒的寫作風格）和 Attilio Scienza 教授（米蘭大學葡萄生物學和遺傳學教授）交談時所種下的種子。他們建議 Gravner 應該研究古代美索不達米亞的釀酒傳統，這是當時普遍接受的葡萄酒發源地。而 Gravner 對此所做的研究，卻將他帶往更為西北方的高加索山腳下的區域。

喬治亞現在被廣泛認為是葡萄酒的發源地，當地葡萄酒的飲用最早可以追溯到 8,000 年前，從考古證據發現葡萄種子沉積在 qvevri（喬治亞大陶罐）的底部 [25]。不幸的是，自從 1980 年代後期，要造訪喬治亞幾乎是不可能的事，因為喬治亞一直到 1991 年以前都在蘇聯的統治下，隱身在鐵幕之後。之後暴力的軍事政變導致 1993 年的內戰以及近十年的恐怖活動與政治動盪。儘管如此，對古代傳統的描述以及在釀酒師接近零干預的情況下用埋藏地下的大陶罐來發酵葡萄酒的想法，Gravner 深深著迷。

他的首次實驗並非使用陶罐，而是將白葡萄品種連同葡萄皮一起發酵。1994 年小量嘗試後結果十分成功，Gravner 因此清楚維持簡單的釀造方式和回歸釀酒根源是關鍵。他放棄戰後所使用的釀酒技術和人工干預的手法，轉而採用他父親、甚至他的祖父那一代製作葡萄酒的簡單方式。1996 年夏天，兩場嚴重的冰雹摧

---

25 Patrick McGovern et al, 'Early Neolithic wine of Georgia in the South Caucasus'. 於 2017 年 11 月發布於《美國國家科學院院刊》（*Proceedings of the National Academy of Sciences of the United States of America*）的網頁上：doi.org/10.1073/pnas.1714728114。

「L'arrivo delle Anfore」，Joško Gravner 在 2006 年接收一批剛運到的陶罐

毀了他心愛的葡萄園中 95% 的 Ribolla Gialla，這是他的酒莊裡最重要的原生白葡萄品種。這個來自上帝的行為對他來說宛如具有「置之死地而後生」的象徵意義。他從園中沒有受到冰雹襲擊的葡萄藤中採收了微量的葡萄，用來做一些實驗，例如是否使用培育酵母以及浸皮時間長短。實驗的酒款並未上市，但足以讓 Gravner 看到自己該往哪個方向前進。

1997 年，一位在喬治亞爲世界野生動物基金會（World Wildlife Foundation）工作的朋友設法偷渡了一個 230 公升的陶罐給 Gravner。這種底部尖銳的陶土容器，傳統上是瓶頸以下都埋在地下，只有小開口突出地面。Gravner 在該年秋天於他祖父位於 Hum 鎮 [26] 的小酒窖裡實驗性地以它來發酵一批葡萄酒。對研究這種釀酒方式多年卻未能造訪喬治亞的 Gravner 而言，這是一個異常激動的時刻。「我

---

26 Hum 是一個相當分散的村莊，位於斯洛維尼亞邊境，距離 Joško Gravner 的住所和目前的酒窖大約 2 公里。

興奮地看著陶罐中的葡萄酒發酵，」他如此回憶說。這樣釀造的結果讓他無比開心，以至於他自此決定，當葡萄酒發酵時他再也不會試著分析或試圖以任何方式來影響他的葡萄酒。

從那一年開始，他開始只使用大型斯拉夫尼亞橡木桶進行發酵和陳年，並低調地將花俏的各種溫控不鏽鋼槽與和法國橡木桶賣給當地的其他釀酒廠。所有白葡萄品種都連皮發酵 12 天的時間，並且在不經過濾或其他處理過程的情況下裝瓶。用這樣的方式釀出的葡萄酒，外觀帶著深琥珀色，因爲未經過濾因此酒液不清澈，香氣帶著辛香料、乾燥香草與散發著蜂蜜氣息的秋季水果香。

這些葡萄酒不僅與當時寇里歐地區所生產的葡萄酒風格完全不同，也迥異於過去在義大利所生產的任何葡萄酒。儘管在發酵過程中浸皮的釀酒方式與寇里歐山丘一樣歷史悠久，但它從未被認爲夠好到能裝瓶出售的優質葡萄酒。Gravner 遭遇的第一個挑戰，是讓寇里歐葡萄酒公會（Consorzio Collio）接受他的葡萄酒。他在 1998 年進行了兩次嘗試，極具影響力的 Luigi Veronelli 也進行干預，使得1997 年的葡萄酒最終獲得批准。一年後，信心滿滿的 Gravner 在品評小組品嘗之前便印好了 DOC Collio 酒標。事實證明這是個錯誤的決定。葡萄酒公會對帶著琥珀色的葡萄酒失去耐心，1998 年的 Breg 和 Ribolla 酒款都被降級爲 IGT Venezia Giulia，Gravner 因此需要重印所有的酒標。這也是 Gravner 對公會的耐心終結的時刻。不久後他便離開公會會員組織，並且從未重新加入。

無論酒標上印的是什麼，對 Gravner 來說更大的試煉來自 2000 年。Gravner 1997 年份的新風格葡萄酒在該年準備上市。但就在當年的配額已經運送到義大利各地之後，紅蝦評鑑（Gambero Rosso）以驚人的標題發布了評鑑預告：「Joško 瘋了！Joško 請你回來，我們想念你！」評鑑中詳細描述了弗留利的明星 Schiopetto、Jermann 與 Felluga，但 Gravner 的聲譽則受到重創。

當 Joško 讀到評鑑時不禁淚流滿面，原因之一在於這是對他旨在回歸傳統的風格十分不公平的偏見，其次也因爲他了解這樣的負評會帶來什麼樣的結果。紅蝦

評鑑對義大利葡萄酒消費者與專業人士有著巨大的影響，這樣的結果是 Gravner 1997 年份的眾多訂單被要求退貨，有的甚至已經運到目的地但對方不接受交貨。當年大約 80% 的葡萄酒被送回酒莊，多數都沒有被品嘗過。這是 Gravner 不得不忍受的屈辱，特別是當他確信自己終於走對方向時。

1990 年代末期還有另一個重大事件：Gravner 與過去緊密團結的釀酒師同袍分道揚鑣。到了 1998 年，他不想再有必須共同合作的心理壓力，同時也擔心可能會因著團隊之間的衝突與矛盾導致無法專心追求自己的想法。他所給的理由是：「如果你想攀登聖母峰，你不可能是搭一輛公車上山。」

Stanko Radikon 在 2011 年攝於葡萄園

正如 Angiolino Maule 所說：「Joško 在 1998 年剪斷了他與『孩子』們之間的臍帶；而我也是他的『兒子』之一。」Josko 的女兒 Mateja 則以較爲公關的方式做解釋：「在這個團體中總免不了相互競爭。試想，若有一個進口商代理了 Radikon 或是我們的葡萄酒，假如要他們再引進同村莊裡的另一個風格類似的葡萄酒生產者應該不太可能吧。我認爲因著商業競爭的緣故，致使最後大家難以繼續合作下去。」

卽使團體中有人對 Gravner 的退出表示遺憾，或對他的成功表示不滿，但不管如何，這個團體確實也有非凡的成就。如今有一群受過良好教育、充滿熱情的核心釀酒師，遍布於義大利北部和斯洛維尼亞西部，他們都希望能夠突破界限，同時也清楚由 Schiopetto 帶頭的現代葡萄酒革命並非唯一的前進方向。

其中許多人之後也發展出各自的獨特風格。Edi Kante 認爲浸皮白酒並非他想追求的風格。如今在卡爾索多石的產區，他釀製出口感精確、表現力豐富的白酒，一如他那鑿入喀斯特高原，以充滿活力的抽象畫做裝飾的三層石造酒窖一般充滿傳奇色彩。Valter Mlečnik 釀製的 Ana 酒款，則是對維帕瓦山谷的產區風土所做出的最佳詮釋。Angiolino Maule 重新定義了 Soave 產區的主要白葡萄品種 Garganega 原來可以如此具有表現力。最後當然還有 Stanko。

Stanko Radikon 的住家和酒莊離 Gravner 的酒莊大門相距約 400 公尺。在他職涯的早期，Radikon 是一名修車黑手，大 Radikon 兩歲的 Gravner，建議他應該回到葡萄園工作。Radikon 後來在 1979 年正式接管家族酒莊。

在 Gravner 於 1990 年代後期與其他人分道揚鑣之前，這兩位重要的釀酒師密切合作了近二十年的時光。Radikon 善良而謙遜，他的哲學相較起來更爲溫和也較不嚴肅。他炯炯有神的目光似乎在仔細地評估你，但他也隨時可能爆出笑容。不過兩代以前，Radikon 的祖父才在第二次世界大戰之後大量買下因戰後受創而裸露的土地，並種下葡萄藤。

或許正因爲他們的土地曾受過重創，使得 Radikon 對永續農耕與環保有著高度重

Radikon 酒莊的開放型發酵槽

視。在家族的住家周遭，一直存留著關於戰爭的恐怖提醒：由從未爆炸的彈頭，
到第一次世界大戰期間遺留下來的原始彈藥。家族位於 Slatnik 的葡萄園面對著
薩博蒂諾山，這裡也是伊松索戰役的重要戰場。Radikon 的兒子 Saša 清楚記得，
即便是 1990 年代，整座山的上半部分仍然是裸露的。一直要到二十多年後，大
自然才重新煥發活力，山峰也終於顯露出青翠的綠色。

有機農法在 21 世紀幾乎已成為頂級葡萄酒農必定的選擇。但當 Radikon 在 1980
年代開始採用有機種植時，可是相當創新的做法。一如 Gravner，Radikon 在
1980 與 1990 年代早期都以釀造現代風格的葡萄酒獲得相當大的成功；但他並不
以此為滿足。1995 年，他靈光一現，發現自己釀造的 Ribolla Gialla 葡萄酒並沒

有出現他在葡萄園直接食用時的那種特別的香氣和味道。因此，Radikon 以一個備用的 225 公升橡木桶，將 Ribolla Gialla 與其葡萄皮一起發酵一個星期：一如他的祖父在 50 年前的做法。

當葡萄酒完成發酵後，釀出的葡萄酒是前所未見的。「但眞正的巨大變化則出現在我品嘗桶中的葡萄酒時！」Radikon 說：「這是一個全新的、完全不同而且令人興奮的東西。僅是品嘗它便足以讓我爲之瘋狂。」Gravner 和 Radikon 兩人在同一年先後重新發現了這種古老的釀酒方式，這難道是巧合嗎？兩人都提到自己具有不用說話便能相互溝通的能力，但他們很可能在 1990 年代的某個時候討論過延長浸皮時間的想法。Joško Gravner 也提到：「是 Stanko 或我第一個發現這個釀酒方式並非重點。重要的是，我們兩人都是在奧斯拉維亞首次以這種方式製作葡萄酒的 500 年後才重新使用這種釀酒法。」

Radikon 是個要做一件事就要做得徹底的人。因此他決定將酒莊的白酒全數使用經過浸皮過程的釀酒法。對於自己的這個決定，他後來的解釋是：「有兩種情況是一個人可以做出重大改變的時候：其一是當一切都進行得很順利時；另一個時候則是當一切都完全不順時。所幸，對我們來說是前者。」爲了找到最完美的浸皮時間點，Radikon 之後幾年一直持續地實驗。一開始他嘗試長達六個月的浸皮過程，但最後發現最佳時程是兩到三個月。他的著名酒款 Oslavje、Ribolla Gialla 和 Jakot[27] 葡萄酒帶著宛如秋天一般的紅褐色，看似陰鬱卻充滿活力與表現力。

---

27 Jakot 是 Radikon 用 100% Friulano 製成、略帶反叛意味的酒款。Friulano（又名 Sauvignonasse 或 Sauvignon Vert）在弗留利一直稱爲 Tocai Friulano，但自 2008 年起，歐盟因匈牙利抱怨稱該名稱可能與其 Tokaj 產區葡萄酒混淆而被禁用。Radikon 的厚臉皮解決方案是將 Tokaj 反過來寫。作爲 Friulano 的幻想名稱，它也被 Dario Prinčič、Franco Terpin、Aleks Klinec 和許多其他人採用。

就像 Gravner 一樣，當新風格的葡萄酒上市時，Radikon 一開始面對的說好聽點或許可以用困惑來形容，但至少不是絕對的敵意。他繼續堅持下去，滿足於對的顧客最終還是會到來這樣的想法。而這個情形確實也發生了；即使新的客群與過去迥異。1997 年是他第一個上市的橘酒年份。由於受到冰雹的襲擊，1996 年完全報廢，與 Gravner 的情況如出一徹。1995 年試驗性的 Ribolla 則從未出售。2016 年當他品嘗 1995 年的 Ribolla 時，Radikon 的臉上充滿複雜的表情。這款葡萄酒的表現宛如一名怪異的青少年，還搞不清楚自己的方向，也對自己的新風格感到不太自在。

在 Radikon 所釀造的 36 個年份中，創新一直是個不變的主題。他就宛如一位瘋狂發明家，甚至設計了一部可在發酵過程中下壓葡萄皮的自動化機器，大大減低這個人力密集的工作。這部像是機械手一樣的機器，酒莊如今仍在使用。經過浸皮過程的葡萄酒，可以減少用來穩定葡萄酒所需的二氧化硫添加量，因為葡萄皮的酚化物足以達到保護的效果。到了 2002 年，Radikon 終於有足夠的信心得以完全停止添加二氧化硫，成為釀造零添加二氧化硫葡萄酒的先鋒；這類葡萄酒直到十年後才開始流行。

2002 年，Radikon 和 Edi Kante 發明了另類酒瓶與軟木塞的原型，他們認為傳統 75cl 的酒瓶對一個人來說分量過多，但給兩個人喝又太少。Radikon 的優質酒款現在都裝在 50cl 和 1 公升的酒瓶裡，酒瓶與軟木塞的比例是依照傳統 Magnum（150cl）[28] 的比例，然後搭配上特製的軟木塞。Edi Kante 喜歡開玩笑地說：「一公升的葡萄酒『適合兩個人喝，特別是當其中只有一個人在喝酒的時候！』」

葡萄酒對 Radikon 來說，目的在於享受。但他自己卻過著簡樸的生活。儘管 Radikon 已經擁有膜拜酒莊的地位，但他們家卻毫不奢華。直到 2017 年，若有訪

---

[28] 一般認為，在大型酒瓶（例如 Magnum 酒瓶）中陳年，葡萄酒演進速度會更慢且更令人滿意。這部分歸因於瓶頸部、軟木塞與其主體之間的比例。對大酒瓶而言，該比例要比傳統的 75cl 瓶大。較大的比例意味著葡萄酒與酒瓶或軟木塞本身接觸的比例較少。

Stanko Radikon 嗅聞他的酒，攝於 2011 年

Gravner 酒莊用紙板覆蓋發酵中的陶罐

客來品酒都是在廚房餐桌上進行。酒莊的外觀很簡單，一個古老的酒窖裡有一排排的斯拉夫尼亞橡木發酵桶與存放著不同年份的大型木桶。Saša 喜歡邀請訪客看酒窖裡一片滲透著礦物鹽和水份的裸露石牆，他開玩笑著說：「這就是我們酒窖的溫控系統。」

Radikon 在他生命的最後幾年裡與殘酷的癌症搏鬥。就在他去世前幾週，他仍然活躍，一如往常地坐在廚房的餐桌旁，跟大家一起品嚐葡萄酒、不斷地打開一瓶瓶的酒，從政治到釀酒無所不談。當被問及他對自己的成就是否感到滿意時，他回答說：「還可以。」這是這位謙虛、聰明而果斷的人一貫典型的低調回應。他的妻子 Suzana 對他們的未來道路抱著相當的決心：「他正在為這場戰鬥而戰，而他必須贏得勝利！」可惜事與願違。2016 年，就在採收前幾天，Stanko 於 9 月 11 日去世。Saša 以 21 世紀典型的方式——臉書貼文——向全世界宣布這則消息：「今晚我失去了一個朋友和工作夥伴。最重要的是，我失去了我爸爸。再見了，Stanko ！」

Saša Radikon 與母親就像是同一個模子刻出來的。兩人都體型結實，他們一開始看起來似乎不易親近，但善良和親切的態度不一會便顯露出來。正如 Saša 所解釋的，他跟父親從未有任何關於他接管酒莊的討論，兩人是在一個自然的夥伴關係中一起工作。Saša 十多年前推出自己的創新酒款「S」系列，Slatnik 調配葡萄酒與一款 Pinot Grigio。兩者屬於較為輕盈的風格，浸皮時間較短，上市時間較早。

即便要習慣沒有 Stanko 的生活是一個痛苦的過程，但 Saša 能從一個依舊裝滿了兩人一起釀造的葡萄酒的酒窖中獲得安慰。Stanko 多年來留下的葡萄酒傳奇仍然等待著被裝瓶、銷售，供全球粉絲享用。

Stanko 與 Saša Radikon 攝於 2014 年 9 月

Joško Gravner 下壓在陶罐發酵中的 Ribolla Gialla 以確保葡萄皮與酒液接觸並保持濕潤

橘酒是如何釀造的？

橘酒是用白葡萄品種釀造的，唯一的但書是具有粉紅色葡萄皮的品種如 Pinot Grigio 也通常包含在白葡萄品種的定義內。在發酵前不會將葡萄汁與葡萄皮分開（如一般釀造白酒的方式），釀造橘酒時葡萄皮（有時包含葡萄梗）會留在發酵槽中數天、數週或甚至數個月的時間。

Saša Radikon 認為，真正的橘酒必須透過自發性發酵（使用天然酵母而非加入實驗室培養出來的酵母菌株）[29]，同時不使用任何溫控設備。如果發酵過程經過一般釀酒過程所使用的控制手法並維持在低溫的情況下（例如 12-14°C），來自葡萄皮的特性可能會消失或變得不明顯。同樣情況也會出現在沒有採用葡萄天然酵母的酒款中。

發酵通常是在開放型發酵槽中進行（例如現今寇里歐和斯洛維尼亞許多生產者偏好的經典錐形橡木發酵槽），使生產者像是 Radikon 與 Gravner 得以進行頻繁下壓酒帽的過程。發酵完成後，他們會將酒槽加滿並密封，以防止氧化。發酵所產生的二氧化碳直到此時也都扮演著保護葡萄酒不被氧化的角色。

許多橘酒都僅在發酵過程與葡萄皮接觸（多半是一到兩週的時間），接著進行壓榨與換桶。葡萄酒通常是依照生產者所選擇的容器中陳年數個月甚至數年的時間。容器可能是橡木桶或其他木桶、不鏽鋼桶或陶罐。

在某些情況下，若釀酒師認為可以從葡萄皮中萃取更多風味，他們會將葡萄酒與其葡萄皮接觸更長的時間。如果是製造傳統的喬治亞風格陶罐橘酒，葡萄皮、葡萄梗和葡萄籽（在喬治亞的說法中統稱為「母親」）通常會在罐內停留更久，在不經釀酒師的干預之下，浸皮長達三到九個月的時間。

另外還有氣泡橘酒。不少生產者以浸皮方式發酵他們的葡萄酒長達數星期或數個月，然後裝瓶時加入一點額外的葡萄汁，以啟動瓶內二次發酵。這樣的方式會釀造出帶著溫和氣泡，義大利文稱為「frizzante」的葡萄酒；這在艾米里亞—羅馬涅（Emilia-Romagna）特別受歡迎。

---

29 *Pied de cuve* 法是一種用來啟動天然酵母發酵的流行方法，首先誘使少量葡萄用自己的酵母發酵，然後利用這種活性發酵物來啟動其他大桶的發酵。由於在任何階段都沒有添加實驗室酵母，因此技術上仍被視為自發性或天然發酵。

Radikon – Ribolla Gialla

Saša Radikon 會將葡萄去梗後才放入大型的圓錐狀開放式斯拉夫尼亞橡木發酵槽。發酵過程自然開始,之後 Radikon 每天大約進行四次下壓程序(因爲葡萄皮渣會上升到表面)。在此期間,發酵槽都是打開的,使發酵過程產生的二氧化碳得以釋出。此時由於二氧化碳的存在,因此不會有氧化的問題。

發酵完成後,將發酵槽密封至氣密程度。酒槽也會加滿,使桶中沒有任何氧氣的空間。

葡萄酒會經過三個月的浸皮時間,之後換至大橡木桶(botti)內儲存。在裝瓶之前會經過四年的陳年期。Radikon 的葡萄酒不添加二氧化硫,也未經過濾或澄清。

裝瓶後會再進行兩年的瓶中陳年,然後才上市。

Gravner –Ribolla Gialla

不同於 Radikon,Joško Gravner 偏好在發酵時使用葡萄梗。採收完的葡萄進入釀酒廠時,他會灑上微量的二氧化硫(僅會灑在最先進入釀酒廠的幾批葡萄,目的在確保發酵過程是在最清潔的狀態下發生)。

發酵是完全於埋在酒窖裡喬治亞陶罐中進行。葡萄以重力方式傳送進入陶罐,發酵接著自然開始。酒帽下壓的時程是按照嚴格的時間表進行,在上午 5 點到晚上 11 點之間每隔 3 小時進行。這是個令人筋疲力盡的過程,每次需要超過一小時才能完成。在發酵期間,陶罐僅以紙板覆蓋,避免蒼蠅進入。發酵之後,便將之密封以防止氧氣進入。

Ribolla Gialla 的葡萄皮和葡萄梗會在陶罐中停留六個月左右。之後會將葡萄皮取出並將酒液轉換到另一只陶罐中繼續陳年五個月的時間。

過了一年,葡萄酒會換到大型斯拉夫尼亞橡木桶中(容量爲 2,000~5,000 公升),再經過六年的陳年。最後,葡萄酒在不經過濾或澄清的過程下裝瓶,再過幾個月後才能上市。

Gravner 在換桶時會使用少量的二氧化硫,但最後的二氧化硫總含量仍然非常低。

6

斯洛維尼亞
的葡萄酒新風潮

奧斯拉維亞兩位對葡萄酒充滿遠見的釀酒師在歷史上發光發熱，但某種程度上那是因著天時地利的緣故。很多 Joško Gravner 和 Stanko Radikon 好友的酒莊離奧斯拉維亞不過一兩公里遠，處境卻大爲迥異。

直到斯洛維尼亞於 1991 年獨立之前，釀酒師處處受到共產制度的轄制。葡萄必須交給國有酒窖，釀造後以國有標籤裝瓶。蘇聯對斯洛維尼亞酒農的態度相對寬鬆，允許一些葡萄酒農少量生產作爲私人銷售。也因此如今即便是最著名的斯洛維尼亞酒廠，商業歷史最早也僅能追溯到 1991 年。即使在斯洛維尼亞獨立之後，相對弱勢的經濟狀態使他們要在市場上爭奪一席之地難上加難，其葡萄酒生產國的地位因此低於相鄰富裕的義大利或奧地利。

在葛利許卡—巴達的 Movia 酒莊，沒有人比身兼酒莊莊主、釀酒師、精神領袖的 Aleš Kristančič 更爲熱心。該酒莊的歷史可以追溯到 1700 年，於 1820 年歸入此家族名下。自 1947 年起，它的葡萄園被義大利／斯洛維尼亞的邊界整齊劃分爲二，不過所有採收的葡萄都可以合法地標示爲斯洛維尼亞酒。Kristančič 是個永遠靜不下來的人，頂著個大光頭，臉孔飽經風霜，他的外貌宛如鬥士，但高興起

來則像個孩子。他的微型帝國（酒莊、餐廳、品酒室和一個宛如夜總會的巨型酒窖）如今在 Ceglo 小村莊占有主導地位，他在盧比安納（Ljubljana）也擁有葡萄酒吧和商店。

Kristančič 是一位擅於說故事的天生表演者，態度卻毫不傲慢；即便有時為了維護自尊而必須加油添醋。他總是不按牌理出牌，常常在說「tzak！」的一瞬間（他很喜歡用這個語助詞來強調他所要說的話），他已經切換到另一個話題或開始做另一件事了。他嚴厲批評那段共產黨統治的歲月以及如今斯洛維尼亞成為歐盟一員所受到的不公平待遇。談到了南斯拉夫統治時代，他說：「試想，你的國家有文化、傳統與成熟的葡萄藤，而且你所做的一切都是正確的，然而人們依舊排斥你。」

對 Kristančič 成長最為關鍵的一個經歷，來自當他還是個小男孩時。在課堂上，老師要求全班寫下他們父母的職業。Aleš 寫的是「農夫」，卻因此被拉到全班面前被羞辱。「Kristančič，你說錯了，你的父親是一個『無組織』的農夫。」這是因為他的父親並非當地合作社的成員，這在當時南斯拉夫共產主義的氛圍下，是個非常不尋常的選擇，使他因此成為社會邊緣人，幾乎跟被指稱為殺人犯沒有兩樣。

這樣的羞辱對 Kristančič 來說是個痛苦的回憶。但如今他已成為斯洛維尼亞最著名和最受歡迎的釀酒師之一。要他記得確切日期是項極具挑戰的任務，但顯然 Kristančič 在 1988 年起便開始擺脫現代的釀酒方式。到了 21 世紀初，他已經發展出風格純淨、低度干預的葡萄酒釀造方式，這在其 Lunar 系列葡萄酒中達到極致表現。使用 Rebula[30] 和 Chardonnay 葡萄，浸皮時間長達九個月。Lunar 葡萄酒從採收、換桶到裝瓶都是依照陰曆進行，沒有額外加入二氧化硫或其他添加物。

30　Ribolla Gialla 的斯洛維尼亞名稱為 Rebula。

Aleš Kristančič (Movia) 攝於酒窖

Valter Mlečnik 的酒窖紀錄

當釀酒師 Valter Mlečnik 提到過去他與 Joško Gravner 的友誼時，顯得相當感性。Mlečnik 看起來相當溫和，周遭有種空靈的氛圍（他比一般人高出一個頭，應該會比我們呼吸到更爲稀薄的空氣！），但在情緒表現上十分自制。「Joško 就像是我的第二位父親。」他深情地回憶道。在 1983 年的第一次聚會，Gravner 爲 Mlečnik 提供了很多建議，並稱他所釀的是「還不錯的餐酒」。儘管這樣「稱讚」有點薄弱，兩人卻成了好朋友，Mlečnik 也成爲 Gravner 內圈成員唯一位於斯洛維尼亞的釀酒師。

相較於義大利人，相對貧窮的 Mlečnik 反倒成爲一種恩賜。Mlečnik 沒有財力追隨潮流，像其他義大利的釀酒師一樣迅速採用最新技術或投資購買全新法國橡木桶。他從 Radikon 和 Gravner 那裡購買已使用過一次的橡木桶，宛如預知了未來過多橡木風味將不再成爲主流一般。當 Radikon、Gravner 和其他人投入大量資本在昂貴的溫控設備與無菌裝瓶生產線時，他也僅能在旁邊默默觀看。幾年後大家才發現這些設備根本像垃圾一般完全沒必要。

「Joško 總是領先大家一步，」Valter 這麼說：「而且他還幫我們找回對 Ribolla Gialla 的信心。」Gravner 不僅在釀造方法給予建議，還將 Valter Mlečnik 介紹給在寇里歐開頂級餐廳的斯洛維尼亞人 Joško Sirk，使 Valter 因此能夠在利潤較高的義大利市場開始銷售他的葡萄酒 [31]。

經過多年密切聯絡，Gravner 一夕之間突然切斷與 Mlečnik 和其他所有人的聯繫。Mlečnik 清楚地記得那時刻：1999 年 6 月是北約轟炸塞爾維亞試圖控制科索沃戰爭的月份。當時在前南斯拉夫的任何地方都是個不安定的時刻，電話、聚會品嘗、集團討論、相互拜訪這一切都完全終止。兩人在 2016 年 12 月 20 日出席 Stanko Radikon 的追思禮拜之前都沒有再見過面。「Joško 跟我打招呼，宛如我們上週

---

[31] La Subida 目前爲米其林一星餐廳。仍由 Valter Sirk 經營，但他的兒子 Mitja 現在已接任首席侍酒師。

Valter Mlečnik

位於 Kranjska Gora 副產區的維帕瓦山谷

才見過面一樣！」Valter 回憶道。

Valter 在 1990 年代末期成型的簡約葡萄酒釀造風格，如今已經爐火純青。現在
酒莊是在他與兒子 Klemen 手下一起經營。他們的酒窖幾個世紀以來幾乎沒有變
化，這對父子檔遵循 Vertovec 1844 手冊中詳細記載的傳統技法來釀酒，甚至依
照其中的葡萄剪枝建議。對釀酒技術的唯一讓步在於酒窖裡那一部 1996 年購買
的氣動壓榨機，但最終在 2016 年賣掉，轉而使用 1890 年的舊型籃式壓榨機生產
酒莊現今全數的葡萄酒。Mlečniks 的釀酒方式採用 Gravner 的簡化原理，儘管簡
化的內容大不相同。

優美的維帕瓦山谷以遙遠的朱利安阿爾卑斯山脈為背景，這裡是 Mlečniks 與其
他許多生產者的家鄉，在他們的努力下，此區的浸皮葡萄酒擁有極高的聲望。幾

乎所有的生產者都認為 Gravner 影響了他們，是他給予眾人回歸根源的信心。其中一位釀酒師是 Ivan Batič，他在 1970 開始在 Šempas 小村莊挨家挨戶地銷售他的葡萄酒，他也將 Radikon、Gravner 和 Edi Kante 視為朋友。1989 年一次嚴重的心臟病發使他停下來思考。在休養期間，他以當地的櫻桃和水為食，之後便開始在葡萄園內尋求更為永續、不使用化學農藥的種植方式，並力求釀造出最具產地純正性葡萄酒的方式。這意味著必須將葡萄園內的 Chardonnay 與 Sauvignon Blanc 改種以當地的品種（Zelen 和 Pinela）。同時他也回歸浸皮白葡萄品種的傳統。正如他的兒子 Miha 證實的，「直到 1980 年代，村裡所有人都會將白酒經過長時間的浸皮過程，但 1985 或 1986 年左右由於氣動壓榨機出現，也宣告了浸皮白酒的死亡。」如今，酒莊已成為釀造自然酒的先鋒，同時也開始帶動以生物動力法種植的潮流。

Primož Lavrenči 的新酒窖有片整面暴露的岩石牆。從 Primož 身手矯捷地跳到一具起重臺架上的架勢不難看出他是個登山好手。Lavrenčič 酒莊位於 Mlečnik 所在山谷的另一端，靠近東南部。他也是帶動生物動力法運動的一員，清楚擁有健康土壤的重要性。「我是最糟糕的釀酒師，」他開玩笑說：「然而這裡的土壤卻能釀出好酒。」Lavrenčič 有一種能將複雜的概念以輕鬆樸實的方式應用於他的葡萄酒釀造上的能力。在談論到當地的釀酒歷史時，他滔滔不絕，不僅引用了 Vertovec 的重要著作，還引述 Johann Weikhard von Valvasor 的《卡尼奧拉公國的榮耀》（*Die Ehre deß Herzogthums Crai*）這本年代更為久遠的著作。此書在 1689 年於紐倫堡出版，當中提到 Kranski 小區葡萄的特殊品質。

Lavrenčič 在 2003 年還在家族的 Sutor 酒莊裡工作，當時他從 Joško Gravner 那裡拿到一些 Ribolla Gialla 葡萄藤。他在 2008 年離開家族企業（現今仍然由他的兄弟 Mitja 經營），因為他想要探索更多精簡、非主流的釀酒方式，包括將所有白葡萄品種經過浸皮過程，這也是 Vertovec 書中所描述的古老傳統。

年輕釀酒師接受 Gravner 指導和影響的故事很多，但不是所有人都是因為他才開始回歸傳統。自 1974 年起，Branko Čotar 便一直在斯洛維尼亞的喀斯特地區製

Primož Lavrenčič 攝於酒窖與葡萄園

作浸皮白酒，酒窖中仍有 1980 年代留下的色澤極深的葡萄酒。酒莊的經營如今由他的兒子 Vasja 主導，但有著宛如愛因斯坦的髮型、神色調皮的 Čotar，仍經常在品酒室出沒。一開始他只是爲家族所開設的餐廳釀造 Teran（當地風格細瘦、酸度高的紅酒）和佐餐的浸皮白酒。第一個年份是 1988 年，但直到 1997 年，家族決定關閉餐廳並專注於葡萄酒的釀造。當斯洛維尼亞仍屬共產南斯拉夫時，這是不可能發生的。

Čotar 是極少數持續釀造傳統浸皮葡萄酒的釀酒師之一（Joško Renčel 是另一位）。若不是因爲他的酒莊在共黨統治時期沒沒無聞，本書所說的故事可能會完全不同。

如果斯洛維尼亞人偶爾不禁嫉妒寇里歐的優異表現及其在葡萄酒世界中的聲望，那麼相信卡爾索的人民也會感同身受。卡爾索整片貧瘠多石地沿著海岸向南延伸至第里雅斯特，是斯洛維尼亞喀斯特地區在義大利的延伸。在此不論耕種或種植葡萄藤都相當困難，因爲表土大多爲無比堅硬的石灰石，此外還有當地強勁的 Bora 風，可以輕易將沒有架好的葡萄藤（或其他植物）打成碎片。在寇里歐擺脫了貧窮農業地區的形象後許久，卡爾索仍然像是一灘死水。此區依舊貧困，人口也大量外流到第里雅斯特。即便或許不是完全準確，但我們似乎可以從卡爾索居民身上看到一種根

Brežanka

過去，Vitovska 可能總是經過浸皮的程序以便與 Malvasia 與 Glera（Prosecco）一起釀成名爲 Brežanka 的調配白酒。斯洛維尼亞人詩人瓦倫丁‧沃德尼克（Valentin Vodnik, 1758-1819）於 1814 年所寫的一首短詩〈Peter Mali〉中有提到此酒款。某天晚上，當他熱切地坐下來享用晚餐時寫下：「Brežanka 萬歲，我希望桌上永遠有它！」

Paolo Vodopivec 酒窖的陶罐與木桶

深蒂固的特徵：性格安靜、堅忍、話不多卻是行動派。

Paolo Vodopivec 就是其中的典型。雖然他的葡萄酒已經達到與 Gravner 和 Radikon 等同的膜拜酒地位，Vodopivec 卻很低調。他不喜歡接待記者，並且極端不願意被拍照 [32]。「葡萄酒不應該被用來表現自我，」他解釋道：「而是透過酒將葡萄園表現出來。」Vodopivec 簡約的酒窖反應出他的性格：豪不妥協、嚴肅卻具有美感，這是個會使北歐設計師感到驕傲的作品。他與 Valter（如今不再參與酒莊經營）兄弟倆一起在 1997 年決定專注於卡爾索的原生品種 Vitovska，並以浸皮法釀造；Paolo 記得那時當地的葡萄酒都經過浸皮。他在 1998 年訪問了 Gravner，但是這兩位個性強烈、離群索居的釀酒師沒能建立起友誼，即便 Vodopivec 對 Gravner 的成就印象深刻，但他也清楚兩人的願景大不相同。

在 Gravner 不知情的情況下，Vodopivec 在 2000 年自行以陶罐做實驗。他用一種西班牙 tinaja 陶罐釀造了一些葡萄酒，但對結果不滿意。「我把酒和陶罐都給丟了。」他說。2004 年他獨自前往喬治亞，目的在於旅遊整個國家並希望多了解當地的釀酒傳統。Vodopivec 堅毅而無畏，卻低估了當時穿越喬治亞的危險。他希望將一批陶罐運回義大利，卻與當地的黑手黨發生衝突，最後必須談判達成協議後才與陶罐一起被釋放。

所幸最後一切都是值得的。Vodopivec 的葡萄酒可說是有史以來最優雅的浸皮酒款，而其浸皮的過程極長。雖然他最初是遵循傳統，大約八天的浸皮，但如今已延伸到在陶罐最多一年，像是其「grand cru」酒款 Solo。Vodopivec 很不喜歡聽到他的葡萄酒被歸類爲橘酒甚至自然酒。一方面因爲他就是不喜歡被歸類，此外也在於他不願意自己的葡萄酒被與此類酒中某些劣質的葡萄酒相提並論。

---

32 本書也尊重他的想法，但是他確實同意我們刊登他與陶罐一起出現的照片，我們能看到他的背影。

不同於一般的說法，也許 Gravner 和 Vodopivec 都不是以陶罐釀酒的真正先驅。Božidar Zorjan 和他的妻子 Marija 自 1980 年以來一直在斯洛維尼亞東北方的 Štajerska 地區（即斯洛維尼亞語的施泰爾馬克州）耕種。他們很早便採用有機農法，並在 1990 年代轉變為生物動力法。Zorjan 十分重視靈性，並相信自己有責任繼續在靠近他在 Pohorje 的葡萄園，長期廢棄但具有象徵意義的 Žiče Charterhouse 修道院中繼續釀造自然酒。

1995 年，他開始使用陶罐釀製葡萄酒（所有白葡萄品種都經過數週或數個月的浸皮過程）。一開始用的是克羅埃西亞小陶罐，當他的克羅埃西亞供應商去世後，他開始改用喬治亞的陶罐。陶罐埋在露天的室外以便接收大地能量，對 Zorjan 來說這點至關重要：

> 藉著宇宙的力量，葡萄在冬季變成葡萄酒，我們因此有了一種獨特而充滿生命力的葡萄酒；釀酒師不過是個觀察者。我從小時候便一直夢想著在沒有酒窖或壓榨機的情況下釀酒。現在，藉著品嘗我的葡萄酒使我美夢成真。

Zorjan 與 Gravner 從未見過面。但正當 Gravner 和 Radikon 於 1990 年代末尋找回歸於更純正誠實的釀酒方式時，也許在這個安靜的角落，同樣有一種共通的意識。此區過去是戰爭前線與政治邊界，不論是深刻的思想家、反傳統或充滿遠見的人，都在尋找於現代工業時代被摧毀的身分認同。他們藉著尋找自己的文化遺產，或者從儘管遭受到戰爭和種族壓迫，卻奇妙地保留住部分文化完整性的一個更為古老的國家中尋求一點幫助。而這個國家便是——喬治亞。

Aleks Klinec 為酒窖中的木桶添加酒液

Franco Sosol (Il Carpino) 攝於酒窖

Damijan Podversic 在葡萄園中犁田除草

Miha Batič

Andrej Cep (Gordia)

Matej Skerlj 檢查高架整枝的 Vitovska

Dario Prinčič

Stanko Radikon 在 2005 年攝於酒窖

受歡迎的橘酒葡萄品種

理論上，任何葡萄品種應該都可以連皮發酵來生產橘酒，然而某些品種的表現相較之下似乎更好。具有良好酸度是先決條件，因為葡萄皮需要經過數週或數個月的浸皮過程以便創造出酒體飽滿、架構十足的葡萄酒。以下是幾種最成功的品種：

法國／國際品種

Chardonnay

一種相當中性的品種，卻相當細緻並能展現產區風土，Chardonnay 在經過長時間浸皮後，能釀造出架構十足、複雜度佳的葡萄酒。

最佳範例：維帕瓦山谷（斯洛維尼亞）、史泰利亞邦（Styria）南部（奧地利）

Gewürztraminer（及其他 traminer 品種）

芳香型品種，如帶著花香的 Gewürztraminer，經過長時間浸皮的表現非常好。此品種的個性鮮明、容易辨識，即便經過幾個月的浸皮也不會將其特性掩蓋住，反而益發展現出來。厚實的葡萄皮提供豐富的單寧，得以與此品種咄咄逼人的香水味和油性質地完美搭配。

最佳範例：阿爾薩斯（Alsace，法國）、布爾根蘭（Burgenland，奧地利）

Grenache Blanc

此品種酸度相對較低，表現上看來似乎並非是長期浸皮葡萄酒的首選。然而果香豐富以及柔軟而「風情萬種」的特性，使其得以釀造出魅力十足且無比均衡的橘酒。

最佳範例：隆格多克（Languedoc）、隆河谷（Rhône Valley）（法國）

Sauvignon Blanc

此品種的香氣特性會隨著延長的浸皮過程而改變，從新鮮柑橘與鵝梅，變成蜜餞果皮或熟蘋果的氣息，但濃郁度依舊。優異的酸度更襯托出由此品種釀出的橘酒之複雜度、架構十足的特性。

最佳範例：弗留利—寇里歐（義大利）、史泰利亞邦南部（奧地利）

義大利品種

Malvasia di Candia Aromatica

在艾米里亞—羅馬涅能找到眾多優異的橘酒絕非偶然。此區的 Malvasia 變種經過浸皮過程能釀出香氣強烈、架構絕佳的葡萄酒。該區的許多生產者會將浸皮過程延長至幾個月的時間。

最佳範例：艾米里亞—羅馬涅、托斯卡尼（Tuscany）

Malvasia Istriana / Malvazija Istarska

此品種豐富、多果香的特性十分適合長時間浸皮，或許也因此，這類葡萄酒風格在其原生地伊斯特里亞擁有廣大粉絲。水蜜桃香氣是其特色，酒體飽滿、複雜度絕佳的口感使品飲這類酒款成為絕佳享受。

最佳範例：伊斯特里亞（克羅埃西亞）、Istra（斯洛維尼亞）、卡爾索（義大利）

Ribolla Gialla / Rebula

這種偉大的品種不帶果皮來釀造時口感顯得相當無趣，一旦經過浸皮發酵程序，便會出現奇妙的辛辣、如蜂蜜般的複雜度。Ribolla Gialla（或斯洛維尼亞人所知的 Rebula）原產於寇里歐／巴達地區，有著其厚無比的葡萄皮。若不經過浸皮過程，可能會將老式的籃式壓榨機堵了。

最佳範例：弗留利—寇里歐（義大利）、葛利許卡—巴達（斯洛維尼亞）

Trebbiano di Toscana

過去被認為僅適合用來蒸餾成烈酒的 Trebbiano（即法國的 Ugni Blanc），釀成白酒時確實沒什麼特色。但是一經過浸皮過程，表現卻大為不同。義大利北部與中部的頂級橘酒不少都是使用 Trebbiano 釀成的。此品種有許多同義詞，包括 Trebbiano di Soave、Procanico 和 Turbiana。

最佳範例（通常為調配酒款）：托斯卡尼、翁布里亞（Umbria）、拉吉歐（Lazio）（義大利）

Vitovska

卡爾索的耐寒型原生葡萄品種，得以生存在多岩、多風的此區。此品種在經過浸皮過程後，會呈現出無比優雅和持久的風格。花香變得更為濃郁而迷人，結構細緻，沒有過多的單寧，並能完美表現產區風土。

最佳範例：卡爾索（義大利）、喀斯特（斯洛維尼亞）

喬治亞品種

Mtsvane

喬治亞東部地區卡赫季（Kakheti）產區的 Mtsvane 葡萄，或許是境內幾個最受歡迎的白色品種中果皮最厚的一個。此品種需要較長的陳年期與細心的呵護，才能使酒體飽滿，帶有魅力十足的果香與堅果尾韻的優異酒款，並避免出現過多樸質而怪異的茉莉香和水煮西洋梨味。

最佳範例：卡赫季（喬治亞）

Rkatsiteli

喬治亞種植面積最廣的白葡萄品種，若在傳統陶罐中經六個月的浸皮，得以表現出獨特的風格。優異的酒款能展現出美妙的花香、成熟水果和清新的酸度。如果產量過高，或者葡萄酒過度萃取，便會出現過多的單寧。

最佳範例：卡赫季、伊梅列季（Imereti）（喬治亞）

Tsolikouri

這個具有黃色果皮的品種在喬治亞西部極受歡迎。它採用傳統陶罐釀製，具有非常獨特的大地風味與礦物特質，有時可能會相當纖細甚至酸澀。不過在最優異的酒款，這種細緻的特色會以優雅的面貌呈現出來。

最佳範例：伊梅列季、卡特利（Kartli）（喬治亞）

喬治亞

阿拉韋爾迪修道院，高加索山在遠處可見

2000 年 5 月

在他那趟痛苦的加州頓悟行後十三年，Joško Gravner 終於如願前往葡萄酒的發源地。那時的喬治亞已不再受到內戰或蘇聯的鎮壓蹂躪。而 Gravner 也遇到一位會說斯洛維尼亞文的喬治亞人願意協助策劃這次的行程。加上 Gravner 的新朋友 Razdan 擔任指導和翻譯，甚至僱用了配備有衝鋒槍的保鑣[33]。一行人前往提弗利司東部，喬治亞最著名的葡萄酒產區卡赫季。當時 Gravner 對該區古老的釀酒傳統的了解都僅在學術層面。他很想知道，目前是否還有人使用埋在地下的陶罐釀酒？

2000 年 5 月 20 日，在導遊的協助下，Gravner 在泰拉維（Telavi）找到一個小型釀酒合作社。在喬治亞文化中，客人是來自上帝的禮物，酒窖的主人備感榮幸，欣喜地打開一只自去年採收後一直密封著的陶罐。主人用勺子（azarphesha）[34] 舀了一大杯酒，儘管 Gravner 說自己僅想嘗一小口深琥珀色的液體[35]。

他以為他喝的會是相當樸實、簡單的酒，但一口飲盡之後，Gravner 很快就變得痴迷。「用這種方法製作的葡萄酒讓我感到無比驚訝，喝了下去宛如置身天堂。」後來他也提到這是他在喬治亞品嘗過最美味的葡萄酒。到行程結束後，他已經訂購了 11 只陶罐，因為他確信再沒有比這些狀如女性子宮的陶罐更為完美的葡萄酒容器了。可惜的是，這批陶罐到該年 11 月才到達奧斯拉維亞，已經來不及用來釀造該年採收的葡萄酒。除此之外，因為喬治亞幾個碩果超存的陶罐製造商並沒有長途運輸陶罐的經驗，以貨車運送的陶罐缺乏嚴密的包裝保護，因此僅有兩

---

33 在共黨統治之後的十年中，喬治亞並不是一個可以安全地獨自旅行的國家，特別是在西化大城市之外，在偏僻的道路上受到伏擊是很普遍的。

34 傳統儀式用的大杓，用金、銀或木頭製成，用來盛酒或喝酒。

35 這酒是 Rkatsiteli（喬治亞最受歡迎的白酒）。

只陶罐在旅途中得以倖存！

儘管如此，從 2001 年開始，Gravner 開始逐漸用陶罐來發酵。他將陶罐埋在一個全新建造的酒窖中，創造出沉靜肅穆的氛圍。之後他又花了四年的時間買下近一百只陶罐，最後僅有 46 只堅固到能在旅途中倖存，並且在埋入地下時不至於破碎[36]。隨著陶罐的使用，他的釀酒方式也有所轉變。Gravner 一開始是以祖傳方法浸皮幾天到一週的時間，但如今他將葡萄皮和葡萄梗與發酵中的葡萄酒一起保存整整六個月，就像在卡赫季的做法一般。這樣的浸皮葡萄酒風格震驚了 Gravner 的顧客，也讓眾人看見這個非凡無比卻被隱藏在鐵幕後的古老文化。Gravner 的第一個陶罐葡萄酒年份（2001 年和 2002 年）也比喬治亞葡萄酒真正出現在西方葡萄酒市場的例子要早。如今過了二十年，喬治亞的工匠釀酒師依然熱切地談論 Gravner，因為他是第一位讓世界瞥見喬治亞葡萄酒秘密的西方人之一。

喬治亞葡萄酒主要產區

---

36 Gravner 的 Breg 和 Ribolla Gialla 從 2001 年份開始在酒標中註明橘色的「anfora」字眼，儘管這些葡萄酒直到 2003 年才開始在陶罐中進行 100% 發酵。Breg Rosso 直到 2005 年份才在陶罐中釀製。2007 年起，由於 Gravner 家族決定不再需要提供此資訊，因此從所有酒標上都刪除這個名詞。

7

俄羅斯熊
與實業家

Hermann John Thumm 小時候宛如生活在天堂裡；至少他在自傳《The Road to Yaldara: My Life with Wine and Viticulture》中是這樣描述的。1912 年 12 月，Thumm 在喬治亞出生，父母是德國人。1947 年他在澳洲的巴羅沙谷（Barossa Valley）創立了極具前瞻性的 Chateau Yaldara。這家酒莊不僅協助建立巴羅沙谷優質葡萄酒產區的形象，也促進了此區葡萄酒旅遊業的發展。到他 2009 年去世時，已成為此區公認的重要葡萄酒先鋒。

第二次世界大戰後，Thumm 移民澳洲，但他年輕時代是在喬治亞度過，住在一個約有 12,000 名德國人的外僑社區 [37]。他喜歡跟人說他在德文學校和大學的時光，周遭可見桑樹和葡萄藤與甜美的果實，以及當時德國人在喬治亞所享有的各種特權。

---

[37] 令人沮喪的是他沒有提及該地點，但是喬治亞的德國社群在該國各地都有，包括提弗利司附近和卡特利地區。

檢視陶罐，攝於波爾尼西的 Brothers Winery

這些德國人對喬治亞釀酒文化的影響經常受到忽略。官方的文獻總是將焦點放在喬治亞過去八千年以掩埋陶罐的方式釀造葡萄酒的傳統，而刻意掩蓋了其實喬治亞差點永遠失去這個古老傳統的事實。

雖然喬治亞在 1991 年獨立，但在此之前它在俄羅斯和蘇聯的統治下度過了近兩個世紀的時間。被俄羅斯納入版圖對喬治亞來說是很難接受的，主因在於喬治亞在文化上和民族上與俄羅斯截然不同，甚至與其他前蘇聯國家如烏克蘭也有極大的差異。喬治亞語具有柔和的喉音，近乎亞洲語系的節奏，以及完全不同的花體字。無論是字體還是語言，都與源於東斯拉夫的俄羅斯語系毫無關聯。

但是，喬治亞與鄰國或過去的統治者的不同不僅在於語言，真正使之與鄰居及其昔日的統治者區別開的原因還有不少，像是其傳統複調歌曲、緊密的和聲、不協調但充滿異國情調的音域變化，在在為其擁有獨特傳統的有力象徵。哪裡有歌聲，那裡就有美食和歡慶，同時也必定有葡萄酒。

眾所周知，喬治亞的釀酒歷史無比悠久，至少可以追溯到西元前六千年。但是這種將葡萄、葡萄皮、葡萄籽和葡萄梗全部放入地下陶罐後進行發酵、密封後，不經任何人工干涉長達九個月時間的古老釀酒傳統，如今卻幾乎要失傳，因此聯合國教科文組織以及生物多樣性慢食基金會（Slow Food Foundation for Biodiversity）皆已採取保護措施。

這些德國外籍人士想必沒有料到，他們會成為這個擁有幾千年歷史釀酒方式的破壞者。19 世紀中期，當斯瓦比亞（Swabia）葡萄酒專家 G. Lentz[38] 移居到喬治亞東部卡赫季地區時，當時文獻便已記載德國釀酒師和製桶匠帶來了各項技術以及葡萄藤插枝。在 1830 年出版《The Wine-Drinker's Manual》[39] 一書的無名氏作

---

38 他的全名沒有記錄在本書作者可以追蹤的任何文獻中。

39 作者僅在封面以 In vino veritas、在前言以「住在英國 Richmond 的作者」一語帶過。

Guram Abkopashvili，攝於喬治亞波爾尼西的 Brothers Winery

者想必會很高興，因爲他清楚喬治亞擁有豐富的葡萄酒傳統，但也感嘆道：「可惜喬治亞尚未學會將酒保存在木桶裡的技術。葡萄酒少了木桶等於徒勞無功，因爲葡萄酒不可能會有什麼改進。然而此地多山，山中遍地是木材，現在唯一所需的只是幾名製桶匠。」

不同於無名氏作者，Lentz 認爲陶罐是釀酒的理想容器[40]，然而對他的建議，衆人卻置若罔聞。當 Hermann Thumm 於 1912 年出生時，大型木桶的使用以及直

---

40 阿拉韋爾迪修道院的釀酒顧問 Teimuraz Ghlonti Doctor of Technical Sciences 在 *Giorgi Barisashvili, Making Wine in Qvevri a Unique Georgian Tradition* 一書前言中提到 (Tbilisi: Biological Farming Association 'Elkana', 2011)。

接壓榨白葡萄品種的做法已然根深蒂固。Guram 和 Giorgi Abkopashvili 兩兄弟自 2014 年以來開始在波爾尼西村 [41] 的小酒窖中使用傳統陶罐來釀酒，但之前他們也將葡萄酒以大型橡木桶陳年，釀造了 Guram 所謂的「歐洲風格」葡萄酒。

Guram 清楚地記得祖父住在一個德國社區，遵循著德式釀酒法。儘管他和 Giorgi 兩人都對新裝設的陶罐感到自豪，但在寂靜的時刻，卻也鍾情於德式風格，甚至承認自己其實更喜歡這類的風格。「我從來沒有嘗過波爾多的葡萄酒，」他說：「但是當我讀到品酒筆記時，我猜想它們的味道應該就像我們在波爾尼西製作『歐式葡萄酒』一樣吧。」

Guram 的對街鄰居是高大苗條的 Vakhtang Chagelishvili，他的葡萄酒以 Bolnuri 品牌銷售。他的故事類似 Abkopashvilis。他的家族酒窖是由德國移民建造的，而他不久前才剛把所有的木桶轉換成陶罐。如今舊木桶放在酒窖外頭，看起來頗為落寞。

不過，即便 19 世紀的德國移民確實影響了喬治亞過去的葡萄酒傳統，但這與之後蘇聯時代的整體破壞相比，可說是微不足道。俄羅斯長期覬覦喬治亞的優質葡萄酒，在 1922 年史達林統治下的蘇聯（喬治亞被納入版圖），終於開始工業化大量生產葡萄酒。

蘇聯國家酒類公賣局 Samtrest 成立於 1929 年，開始一步步壟斷喬治亞所有葡萄酒廠與經銷商。之後的幾十年，功利主義當道，對任何想要表現出些許獨特性的葡萄酒都採取嚴厲的態度。喬治亞的葡萄酒農將採收下來的葡萄交給數百家「初級葡萄酒廠」來處理，這些工廠將葡萄汁發酵加工後，得到所謂的「葡萄酒原料」，也就是散裝葡萄酒。這類品質多半相當平庸的液體隨後送到指定的「二級葡萄酒廠」，通常位於提弗利司或其他大城市，在此，散裝酒在運送給政府所指定的客戶之前會先進行熟成、加工、裝瓶和貼標的程序。

41　波爾尼西位於卡特利葡萄酒產區，離首都提弗利司約一小時車程。

因為所有喬治亞的葡萄酒都是以 Samtrest 品牌的酒標裝瓶，所以酒莊的名字不會出現 [42]。酒款是以風格或「法定產區」做分別。Kindzmarauli、Khvanchkara 或 Mukuzani 等產區被當成品牌來推廣，而每個品牌的風格都受到管制。Khvanchkara 據說是史達林的最愛，是一種半甜型的葡萄酒。Mukuzani 必須經過橡木陳年，Tsinandali 則是以 Rkatsiteli 和 Mtsvane 調配而成的干型酒。

同質化的動作不僅在於酒標的管制。自 1950 年代起，進一步的國家改革更將可以種植的葡萄品種數量限制到 16 種以內，且實際上其實僅有兩種：白葡萄品種 Rkatsiteli 與紅葡萄品種 Saperavi。具抗病能力的雜交品種（以歐洲品種 Vitis vinifera 與美洲品種 V. rupestris 或 V. labrusca 雜交而成）在此期間受到歡迎。它們被種植者稱為「未經處理的葡萄」，因為不像傳統的葡萄品種必須經過常規的農藥噴灑，這些品種可以在沒有大量噴灑殺蟲劑和殺菌劑的情況下生長。

喬治亞的原生葡萄品種眾多，據稱約有 525 種。1930 年代，大約有 60 種仍然

42　有時可以藉由查看酒標上的批號或其他晦澀的代碼來推斷出酒是由哪個釀酒廠所釀造。

相當常見，但是到了 20 世紀末則僅剩下 6 種。文學評論家、喬治亞葡萄酒專家和作家 Malkhaz Kharbedia 指出，在蘇聯改革之前，人們可以享受許多酒款像是 Khidistaur、Akhmeta-tetri、Rachuli Tetra、Ikalto Jananuri、Tskhinvaluri、Shavkapito、Kvishkhuri、Nagutneuli、Tsolikauri Obcha、Saperavi Sanavardo、Kvareli Nabegari、Kardanakhi Tsarapi、Akhoebi Saperavi、Krakhuna Sviri、Ruispiri Mtsvane、Mtsvane Nasamkhrali、Argvetuli Sapere、Mukhranuli Saperavi、Aladasturi 或 Gunashauri。這些品種多伴隨著歷史而消失，如今幾乎沒有人種植它們了 [43]。

Zaza Remi Kbilashvili 與剛處理好的陶罐

43　最近，位於農業科學研究中心的喬治亞原生葡萄品種國家收藏局，已經在提弗利司附近的研究葡萄園中開發／拯救了多達四百多個原生品種。

阿拉韋爾迪修道院廢棄不用的陶罐

此外，陶罐的傳統在蘇聯時期也毫無意外地成為另一個犧牲品。每個喬治亞家庭通常都會有個小型的 marani（地窖），或有幾只陶罐埋在戶外，但蘇聯政府認為這是一個毫無價值的平民習俗，以陶罐釀酒的過程因此被邊緣化到幾乎遭遺忘。政府容忍自釀葡萄酒的行為，但禁止銷售。每個家庭多半因著生存所需而必須將葡萄送往葡萄酒工廠，只有極少數的人將製作陶罐葡萄酒的傳統堅持下去。

製作精良的陶罐可以使用好幾個世紀；然而正如陶罐製造商 Zaza Kbilashvili 所言，這些陶罐必須每年使用，否則幾乎不可能維持內部的清潔。很難想像在蘇聯統治的七十多年時間裡，有多少這類宏偉的陶罐被棄置損毀。但是對卡赫季的東正教阿拉韋爾迪修道院（Alaverdi Monastery）的僧侶來說，答案再清楚不過。修道院的歷史可以追溯到 11 世紀，但有證據顯示院內有個 9 世紀建造的酒窖。在蘇聯統治時期和第二次世界大戰期間，這個以高加索山脈為背景、風景令人屏息的修道院，在蘇聯時代遭到殘酷的洗劫，幾乎被徹底摧毀。院內的 50 只歷史悠久的陶罐有些被蘇聯布爾什維克黨（Bolshevik）用來儲存汽油而毀壞。許多陶罐被砸成碎片，遺骸遍布修道院的地面，有些至今仍散發出強烈的汽油味。

隨著傳統的釀酒方式開始從日常生活中消失，與其相關的產業也逐步絕跡。陶罐的製造是一種非常特殊手工藝，與大多數其他古代傳統知識一樣，通常是父傳子[44]。上個世紀，每個村莊應該都能找到一名陶匠，但到了蘇聯解體時，整個喬治亞僅存的陶匠不過五、六人。

蘇聯對喬治亞的破壞不僅止於陶罐傳統。Ensemble Erthoba 樂團的歌手便提到，複調歌唱和代代相傳的口頭傳唱的傳統也受到極大的傷害。表面上，蘇聯高度重視民間傳統，唯一要求是它們與基督教沒有明顯的聯繫。但是政府對宏偉龐大的合唱團和合奏團的熱愛，對喬治亞的傳統則具有無比的破壞性，因為這些喬治亞

44　喬治亞仍然是一種極端的父權文化，截至目前為止，我還不知道是否有任何女性陶罐製造商。

提弗利司 New Wine Festival 的歌手，攝於 2017 年 5 月

傳統歌曲通常是非正式、並以社交聚會爲基礎的。這些複調歌曲並沒有正式的符號，儘管有少數人努力想錄製或轉錄它們，但在過去的一百年中，至少已有數千首歌消失或遺忘。轉錄的工作也帶來進一步的挑戰，因爲沒有官方音樂符號系統能表達出歌曲中的一些微調元素。

雖然陶罐仍然空著，但像 Tbilvino（位於首都提弗利司）這樣的葡萄酒廠在鼎盛時期每年可生產多達 1800 萬瓶酒。但隨著戈巴契夫（Mikhail Gorbachev）和大改革（Perestroika）的到來，蘇聯開始了一系列嚴厲限制酒精銷售和消費的措施。1985~1987 年期間，產量急劇下降，喬治亞的葡萄酒廠開始面臨極大挑戰。1991年蘇聯解體和喬治亞宣布獨立後，這些大型葡萄酒廠開始沉寂下來，訂單沒了，顧客消失了，少了過去無所不在的 Samtrest 後，品牌也不復存在。

一般可能會以爲喬治亞葡萄酒產業得以從過去的黑暗時期復甦，與如今人們對其

Dr. Irakli 'Eko' Glonti，攝於提弗利司自家中

傳統釀酒過程的濃厚興趣有關，但事實並非如此。蘇聯對喬治亞人生活方式的破壞與國家經濟近乎毀滅的結果，使野心勃勃的企業家和實業家有機可趁，所帶來的影響更多是在政治上而非文化上。蘇聯解體後，隨後是多年的內戰，接著是俄羅斯在 2006~2013 年間對所有喬治亞葡萄酒實施的毀滅性禁運措施；喬治亞的現代葡萄酒產業是在這樣的焦土政策後死而復生[45]。

喬治亞的農業部長 Levan Davitashvili[46] 在 2010~2012 年間於 Schuchmann 酒廠工作，他記得 1991 年以後供應鏈的每個部分都被毀滅了：「那是一個非常艱難的時期，農業尤其如此。大部分土地都重新分發給農民。為了養活動物，人們轉而種植便宜的農作物。此時沒有人關心商業，所以價值鏈也被打破了，當然包括葡萄酒的銷售。」[47]

這也或多或少解釋了喬治亞葡萄園所遭受到的破壞。根據喬治亞國家葡萄酒署（National Wine Agency，即接替 Samtrest 的單位）的 Irakli Cholobargia 的說法，喬治亞在蘇聯時期擁有約 15 萬公頃的葡萄園；但到 2006 年，僅剩下 36,000 公頃。「蘇聯解體後，許多農民捨棄他們的葡萄園而改種西瓜，因為那是市場所需的作物。」Cholobargia 解釋道。

事實上，自 1920 年代以來，葡萄園以及稀有的葡萄品種一直在消失。許多喬治亞最古老的葡萄酒產區，如古利亞（Guria）、阿布哈茲（Abkhazia）與阿扎爾（Adjara），都被重新劃分為小麥或馬鈴薯的種植區。不少葡萄樹都連根拔起而不再重新種植。

那些倖存下來的葡萄園，通常狀況都相當差。Telavi Wine Cellar（也稱為 Marani）的共同創始人 Zurab Ramazashvili 回憶道：「一開始我們跟政府租用

---

45 宣布禁運的理由在於有大量的假喬治亞葡萄酒進入蘇聯市場，儘管其真正目的幾乎可以肯定是政治性的，因為俄羅斯和喬治亞自 1991 年以來一直有邊界。

46 自 2017 年起。

47 2017 年 7 月與作者的電訪。

葡萄園，但這些葡萄園的狀況因為內戰的破壞而非常差，充滿老藤、沒有標準化的整枝系統，有些葡萄樹也不見了。」此外，那些應該是種 Saperavi 葡萄的區塊也可能包含一些 Isabella（當時流行的雜交品種）。

更糟的是，蘇聯葡萄種植文化的專業知識僅限於大量使用除草劑和殺菌劑。Irakli 'Eko' Glonti 是一位醫師，也是釀酒師和永續、傳統葡萄栽培的倡導者，他一直致力於幫助果農恢復這些大量依賴農藥的葡萄園的健康。他在土壤中發現許多問題，例如土壤壓實和缺鈣的問題。「葡萄園中沒有所謂的宏觀生物學的存在，」他在卡赫季的一個葡萄園中進一步解釋：「土壤裡沒有任何東西可以幫助葡萄根部獲取礦物質，而下雨之後，雨水也立即消失於土壤中。」

陶罐的製造藝術

基本上，陶罐的製造技術類似製作一只巨大的線圈罐。主體是逐層構建的，直到達到需要的尺寸，整個過程可能需要兩到三個月才能完成。陶罐需要乾燥兩到三週，之後才能在巨大的戶外木碳烤箱中進行燒製。陶罐製造商 Zaza Remi Kbilashvili 指出，每只陶罐只能憑直覺抓出大概的尺寸，因此每只陶罐都是獨一無二的。

陶土的類型很重要，來自伊梅列季的陶土評價最高。Joško Gravner 便常提到世上沒有其他地方能找到污染物那麼少的陶土。

新的陶罐燒製（以 1,000~1,300°C 高溫燒製長達一週）後，需要幾天的時間冷卻。當它僅有微溫時，再用蜂蠟輕輕塗在內層。陶罐釀酒專家和學者 Giorgi Barisashvili 在其著作《以陶罐釀造葡萄酒》（*Making Wine in Kvevri – a Unique Georgian Tradition, 2011*）中特別提醒，蜂蠟必須非常謹慎地使用，因為使用蜂蠟的目的不是創造一個氣密空間，而只是填補陶罐內一些較大的孔洞。沒有與陶土直接接觸的葡萄酒不能達到理想的微氧化作用，因此也不會給葡萄酒帶來預期的特色。

有時陶罐的外層會用白灰色的石灰水塗刷，但 Kbilashvili 則說大多數自然酒生產者偏好不經塗刷的陶罐。

陶罐不論是放置室內外，總是由頸部以下深埋地裡。如今較為常見的是埋在專用的酒窖裡。

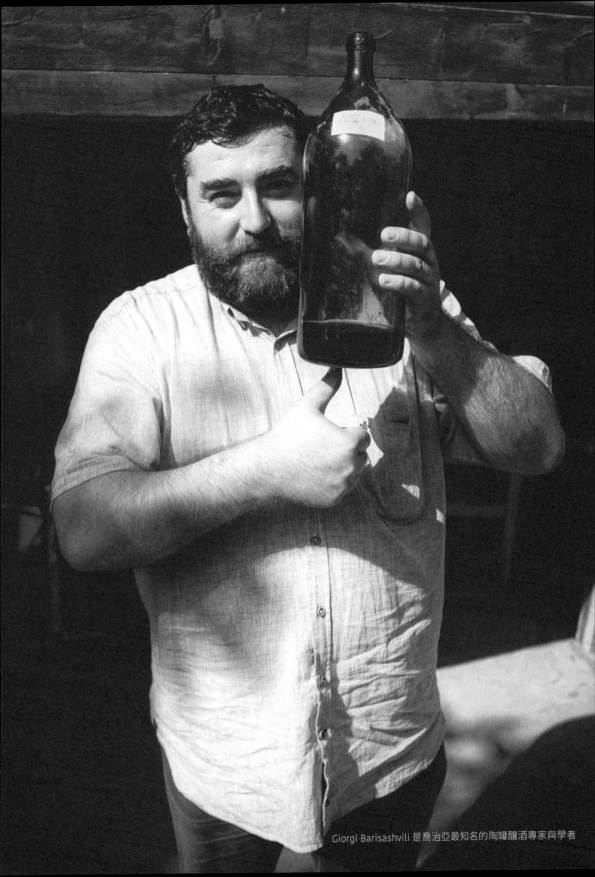

Giorgi Barisashvili 是喬治亞最知名的陶罐釀酒專家與學者

蘇聯解體後，私人企業開始搶購失敗和破產的葡萄酒廠，因為企業家意識到俄羅斯仍然渴望擁有喬治亞葡萄酒。1990 年代末，一系列的聯合股份公司（JSC）如雨後春筍般出現，包括 GWS (Georgian Wine & Spirits)、Tbilvino、Telavi Wine Cellar 和 Teliani Valley。名稱和公司結構或許已經改變，但產品及其目標市場基本上卻不變。整個產業貪污腐敗成風，從低層直到政府層面都是。俄羅斯對假酒的指控更非空穴來風，這個問題則花了幾十年的時間才得以消除。

同時俄羅斯的消費者也不是工匠風格陶罐葡萄酒的粉絲。他們喜歡的是大量生產的半甜葡萄酒，如 Alazani Valley（一種風格總稱，即使聽起來像個生產者的名稱）或 Kindzmarauli。這些風格目前約占喬治亞葡萄酒總產量的一半，而俄羅斯仍是最大的客戶。[48]

Gauze 在卡特利的 Bolnuri winery 覆蓋陶罐

48　根據喬治亞國家葡萄酒署的數據，2017 年喬治亞葡萄酒出口量大約 60% 是銷往俄羅斯。

2017 年 5 月提弗利司 New Wine Festival 的 Kisi 葡萄酒獻禮儀式

1991 年喬治亞獨立後，Zura 和 Giorgi Margvelashvili 兄弟成為 Tbilvino 酒莊的股東。他們的故事很典型：Zura 從加州的釀酒過程實習回來，決定要在葡萄酒產業工作。兄弟倆將家庭積蓄投資於股票收購，並於 1998 年掌管了 Tbilvino。他們從未透露過購買價格，但可能是以相當便宜的價格收購。Giorgi 說：「Tbilvino 在 1998 年表現不佳，產量幾乎為零。它與前供應商和客戶的聯繫都沒了。」

那麼兩兄弟的投資得到了什麼報酬？ Tbilvino 並沒有葡萄園，但它有個大型釀酒廠。酒廠位於提弗利司，占地 5 公頃。儘管設備過時，但仍處於良好的狀態。更好的是，酒窖裡還有 300 萬公升的散裝葡萄酒。

他們邀請一群國際葡萄酒專家來評估這些「葡萄酒原料」，得到建議是殘酷的：「這些葡萄酒是垃圾，你千萬不能裝瓶銷售。」不過，這些「垃圾」卻是這家新企業的生命線。「我們成功地將葡萄酒散裝出售，因此得以償還一些債務，」Giorgi 回憶道：「憑藉著剩下的資金，我們於 1999 年在卡赫季購買葡萄，用來釀造出我們的第一個年份。」

從這個看似毫無希望的開始，兄弟倆建立了 Tbilvino 酒廠。兩人採用與前蘇聯絲毫不顧品質地裝瓶散裝酒完全不同的做法。他們與許多不同的種植者合作，積極參與採收過程並專注於提高葡萄酒的品質。2006 年，當俄羅斯實施禁運時，該公司損失了約 52% 的業務。但塞翁失馬，焉知非福？他們將提弗利司的酒廠出售以籌集資金，之後建造了一家全新的小型優質酒莊。到 2008 年，Tbilvino 的業務恢復並且比過去更為茁壯。如今，酒莊每年生產約 400 萬瓶葡萄酒，並出口到 30 個國家。

Giorgi 非常坦率地談到酒莊在其第一個十年中的營運：「我們還很年輕，也沒有太多經驗，因此將所有挑戰視為正常現象。再怎麼樣我們的損失也不會太多，畢竟我們進入此行沒有花太多錢。這個工作很有挑戰性，也非常有趣。」

許多喬治亞的主要葡萄酒生產者都同意，俄羅斯禁運對喬治亞葡萄酒業來說是一

個關鍵的轉折點。Teliani Valley JSC 行銷總監 Tea Kikvadze 便證實：「有了俄羅斯市場，酒莊能將任何品質的酒賣到俄羅斯去。但是對歐洲和其他市場，你必須有優質的葡萄酒。禁運對企業極為不利，對喬治亞的葡萄酒業來說卻是好事一樁，它迫使釀酒師關心品質。葡萄酒業因此而產生極大的改變。」禁運也迫使生產者開始積極地開發中國、波蘭和英國等新市場。2013 年以來，俄羅斯又回到葡萄酒爭奪戰中，然而如今其對喬治亞葡萄酒出口的絕對主導地位已從 90% 降至60%。

但在這樣的改變中似乎缺少了什麼？這些新進的私人公司都沒有將喬治亞的傳統陶罐風格當作重點，他們的白葡萄品種都很快地被榨汁，並用芳香型的培養酵母來發酵，生產出易飲、淡色的現代白酒。

可以說這些喬治亞葡萄酒風格是由 Hermann Thumm 的祖先開始，如今也成為歐洲釀酒風格連續體的一部分。許多人聘請來自歐洲或新世界的釀酒師，協助他們採用最新技術。只要資金允許，過時的蘇聯設備就會被義大利閃閃發光的不鏽鋼槽或法國的新橡木桶所取代。

陶罐釀酒變得如此罕見，以至於當美國作家 Darra Goldstein 於 1993 年撰寫她的烹飪書《喬治亞的盛宴》（*The Georgian Feast: The Vibrant Culture and Savory Food of the Republic of Georgia*）的第一版時，她感嘆道：「如今，真正的卡赫季葡萄酒僅能在喬治亞的家庭裡品嘗到。」Joško Gravner 應該無法想像自己在 2000 年時有多麼幸運。

8

農民與陶罐

2004 年，Ramaz Nikoladze 邀請一位老朋友到家裡吃飯。當時他並沒有料想到這頓飯竟將成爲喬治亞工匠釀酒技術的歷史轉折點。他的朋友帶來了一位客人──日本美食作家 Natsu Shimamura。在品嘗了喬治亞美食以及 Nikoladze 直接從後院陶罐中取出的葡萄酒之後，完全著迷的 Shimamura 將 Nikoladze 推薦給義大利慢食組織；該組織有一個特殊的基金會，宗旨在於保護全球消失中的食物和葡萄酒傳統。

Nikoladze 的酒莊位於伊梅列季西部，即便家中並沒有酒窖，但他依舊熱切地繼承了父母的釀酒工作。他將陶罐露天埋在地下，並以破爛的塑膠薄片覆蓋提供些許保護。他會一邊嚼著整根辣椒，周遭環繞著他那單純而又永恆的琥珀色葡萄酒。這是以 DIY 龐克原理釀酒的極致表現；正好龐克樂也是 Ramaz 的最愛。

Nikoladze 從來沒有打算成爲喬治亞的葡萄酒大使。當他第一次參加杜林（Turin）的慢食活動 Terra Madre 時，因爲不會說英語或義大利語，整個過程對他來說相當吃力。儘管如此，參觀展會的人們對這些以陶罐釀造葡萄酒的喬治亞人非常著迷，正如當時的 Shimamura 一樣。陶罐釀酒過程絕對有資格獲得慢食常務

Ghvino Underground：提比利司的第一家自然酒吧，由 Ramaz Nikoladze 與朋友共同創立

委員會（Slow Food Presidium）的專管，但存在的挑戰在於他們必須有足夠的證據可以證明陶罐釀酒是一種全面性行動，因此光有一名生產者是不夠的。幾年後，Nikoladze 遇到另一位來自喬治亞東部、經驗豐富的工匠釀酒師。Soliko Tsaishvili 在卡赫季工作，2003 年與幾個朋友成立了一家名為 Prince Makashvili Cellar 的公司，後來更名為 Chveni Gvino，也就是如今更為人知的 Our Wine。

Tsaishvili 和他的朋友們進入葡萄酒這一行的原因非常簡單，因為這樣才能確保自己的供應不間斷。他們偏好喬治亞的陶罐葡萄酒勝過當時主導市場的現代歐洲風格酒款，但在提弗利司幾乎不可能找到陶罐葡萄酒，只有那些在鄉下幸運擁有葡萄園或農地的人才能輕鬆釀造出好的陶罐酒。這五個朋友因此決定在卡赫季買下土地和一幢房子，並在一開始用買進的葡萄釀製傳統的陶罐葡萄酒。

Ramaz 找到了 Soliko 這位完美的合作夥伴，兩人在 2007 年開始從各自的居住城鎮找尋所有從事有機葡萄栽培與釀造優質傳統陶罐葡萄酒的家庭。如果他們能夠說服更多的釀酒師開始將陶罐葡萄酒裝瓶和銷售，這樣一來，陶罐傳統釀酒法便有資格獲得慢食常務委員會的協助，使這個傳統不致消失，還能獲得資金以協助推廣他們的產品。他們找上幾個家庭，說服他們加入這個計畫。喬治亞陶罐葡萄酒終於在 2008 年得到慢食常務委員會的認可，也得到媒體廣泛的報導。

對非喬治亞人來說，可能很難真正了解保存此傳統的重要性。葡萄酒在喬治亞並非僅是一種飲料，也不像盎格魯─撒克遜人一般傳統上將其視為藥物或麻醉劑。葡萄酒是有生命的，與宗教或國家文化息息相關，充滿象徵意義和歷史傳承。陶罐是這個傳統中最重要的部分，從出生到死亡步步伴隨著喬治亞人。如今，家裡若有小孩出生，許多人還是會用陶罐裝新酒，等到孩子結婚的那一天打開來喝。另一方面，歷史文獻中也記載了陶罐的另一種用途：過去許多喬治亞人死後會放在對切一半用來當棺材的古老陶罐中。陶罐具有兩種象徵意義。葡萄酒在陶罐中發酵，葡萄皮、葡萄梗和葡萄籽被稱為「母親」，葡萄酒是孩子。正如母親在孩子還小的時候保護他們一樣，酒渣在陶罐中保護著葡萄酒。從葡萄汁轉化成葡萄酒的最初幾個月，酒渣中的酚化物提供了防止氧化和阻止細菌入侵的功能。Eko

Glonti 博士針對喬治亞語的詞源說道：「葡萄酒不是製造出來的，而是被生出來的。我們用黏土製造出子宮，然後像大地女神一樣把它埋入土裡。」

人稱「Chinuri 葡萄大師」（The Chinuri Master）[49] 的 Iago Bitarishvili 不是個怕吃苦的人，外表瘦弱的他，在 2003 年釀製了他第一款用陶罐發酵的 Chinuri 葡萄酒。當時，他已經在家族葡萄園採用有機農法長達五年的時間。兩年後，他獲得喬治亞的第一份官方有機認證。「戰爭給農村帶來了大量的污染，」他指出：「更糟的是，一直到 2003 年，喬治亞的葡萄酒商業化都是僅有大公司才做得到的事。」Iago 一直著迷於自家的陶罐，即使他的父親是以現代風格製作去皮的 Chinuri 酒款。2008 年，他終於決定將該年全部的 Chinuri 葡萄收成用家裡已有兩三百年歷史的陶罐來釀造浸皮的葡萄酒。他的父親對此相當憤怒，但是一位家族朋友則相當支持他，並對 Iago 說：「以前你爺爺就是這樣釀造葡萄酒的！」

Bitarishvili 十分謙虛。2009 年，他決定舉辦一場品酒會，聚集了當時他所能找到的所有釀造陶罐葡萄酒的工匠生產者，當時共找到五家酒莊。「品酒會中當然不能包括我自己的酒，」他聳聳肩說：「我是主辦人，把自己的葡萄酒也加進去不太恰當。」這五家酒莊是 Alaverdi Monastery、Pheasant's Tears、Vinoterra (Schuchmann)、Our Wine 和 Ramaz Nikoladze。這個品酒會是自 2010 年起每年五月由 Iago 所主辦的 New Wine Festival 的先驅，該酒展如今於提弗利司的 Msatsminda 公園舉辦，吸引了超過 1 萬名遊客和 100 位生產者的參與，幾乎所有的酒莊都有釀製以傳統方式生產的陶罐葡萄酒。如今在酒展中也找得到 Iago 的葡萄酒。

人們突然對這種傳統釀酒方式產生莫大興趣而使其重生，並非單單由喬治亞人所

---

49 Chinuri 是卡特利的原生白葡萄品種。

Iago Bitarishvili 攝於其陶罐酒窖

Pheasant's Tears 在西格納吉（Signaghi）的原始酒窖

推動，來自 Joško Gravner 等西方人士對這類葡萄酒的關注扮演極重要的角色。此外，一位 1995 年到達喬治亞的美國畫家也功不可沒。

John Wurdeman 來自新墨西哥州，長得像是綁著馬尾的古代挪威國王。他在莫斯科蘇里科夫藝術學院（Surikov Institute of Art）念藝術系研究所時去了一趟喬治亞，很快就愛上這個國家。1997 年，他在卡赫季中部的西格納吉（Signaghi）山村買下一棟房子。他深受複調歌唱傳統的吸引，一天晚上他聽到窗外一名歌手的演唱，令他陶醉不已。就像在喬治亞這個崇尚浪漫與人性的國家所會發生的美妙故事，Wurdeman 想辦法找到這位歌聲宛如天籟的歌手 Ketevan Mindorashvili，兩年後 Mindorashvili 成為他的妻子。

Wurdeman 和 Mindorashvili 一起致力於推廣傳統的歌舞，同時他還繼續作畫，後來他們也成為父母。但是兩人的共同朋友卻對 Wurdeman 的未來有著不同的看法，Alice Feiring 在 2016 年出版的《葡萄酒之戀》（*For the Love of Wine: My Odyssey through the World's Most Ancient Wine Culture*）一書中，便精彩而詩意地講述了這則傳奇故事。Wurdeman 於 2007 年在他家附近的葡萄園遇到當地釀酒師 Gela Patalishvili。Patalishvili 當晚邀請 Wurdeman 到他家，希望跟他討論「一些事情」。

那是個令人情緒激動的夜晚，當然也包含不少杯橘酒下肚。年輕的釀酒師對 Wurdeman 在推廣喬治亞文化所做的工作大為讚賞，但提到喬治亞的古老葡萄酒傳統也正面臨同樣的消失危機。他紅著眼眶問 Wurdeman：「你怎麼能忽視我們國家的主要脈動——葡萄酒傳統呢？」他的絕望其來有自，喬治亞的幾大葡萄酒新巨頭都試圖模仿歐洲風格，因此古老的傳統正在消失。Patalishvili 缺乏資金或行銷技巧，但他卻有八代釀酒的經驗傳承，而且他剛剛看上一個優異的葡萄園。他想知道 Wurdeman 是否願意幫忙？

而當 Patalishvili 將裝滿葡萄的卡車開到 Wurdeman 家門外時，Wurdeman 沒有說「不」的權利，他不得不動手幫忙，最後更優雅地接受他的命運。不久之後，

位於西格納吉的 Pheasant's Tears 酒莊的釀酒師 Gela Patalishvili

他們倆一起成立了 Pheasant's Tears 酒莊。從最初的小本經營模式，如今已發展成為一個迷你的葡萄酒帝國，他們的酒可以在喬治亞各地找到，並在西格納吉和提弗利司設有餐廳。葡萄酒銷售到全球各個角落，成為許多人接觸琥珀色葡萄酒的初體驗。

Wurdeman（或 Djoni 這個喬治亞人給他的暱稱），從此成為在喬治亞備受喜愛與尊敬的文化大使。他在酒莊歡迎遊客、他環遊世界推廣喬治亞的範疇絕不僅限於Pheasant's Tears 葡萄酒。2012 年，到倫敦參與The Real Wine Fair 酒展的人們，可以在阿拉韋爾迪修道院的 Gerasim 神父旁邊看到高大的 Wurdeman，這是一個相當超現實的場景。神父身為釀酒師和僧侶，穿著全副的僧服，但完全不會說英文。對酒展的許多參與者（包含本書作者）而言，他的陶罐葡萄酒味道令人印

阿拉皇丽油修道院

Gerasim 神父，攝於 2012 年

象深刻，但由於 Gerasim 本身和他的酒都無法述說自己的故事，因此 Djoni 的流利翻譯更顯寶貴。

阿拉韋爾迪修道院及裡頭歷史悠久的 marani（酒窖）於 2005~2006 年間重建，其神父大衛主教（Bishop David）認為，修道院應該再次嘗試盡可能自給自足，也就是再次自行生產蜂蜜、優格與葡萄酒。目前有五名僧侶在修道院工作，Gerasim 神父則是釀酒師 [50]。神父有著長而散亂的鬍鬚以及宛如可以看穿一切的深邃眼眸，在此地他看起來比在倫敦的葡萄酒展上來得自在許多。釀酒對這位謙卑的僧侶來說其實是夢想成真，他對陶罐和釀酒充滿熱情，但因為決定將自己的生命獻給上帝，因此必須放棄釀酒的夢想。或許大衛主教深知人性，亦或

---

[50] Gerasim 神父與與該國最大的葡萄酒生產商之一 Badagoni 的釀酒顧問合作。可別將阿拉韋爾迪修道院葡萄酒的酒款與更廉價的「Alaverdi tradition」系列混淆。後者是以買來的葡萄製成，由 Badagoni 而不是修道院本身銷售。

Gerasim 神父，攝於 2012 年

阿拉韋爾迪修道院檢視庭園的一名修士

Gerasim 神父很幸運，總之，在一個偶然的時刻，主教問 Gerasim 神父是否願意在新建的酒窖中承擔釀酒的職責。

修道院的葡萄酒是遵循著最傳統的卡赫季釀造法，白葡萄品種會依此地習俗連皮帶梗經過六到九個月的浸皮時間。對 Gerasim 神父而言，是否用二氧化硫或任何其他添加劑處理葡萄酒並不是一道選擇題。他遵循的誠命很單純：葡萄酒中若含有任何雜質都會被上帝視為不配。也因此，在修道院的宗教儀式中只會使用紅酒，因為白酒有時會添加少量的二氧化硫。

陶罐為何是完美的發酵容器

由於體積龐大，加上傳統做法是將它們埋在地下，陶罐因此得以提供絕佳的溫度調節功能，能有效冷卻發酵溫度，且在不同季節可以保持非常穩定的溫度。

陶罐越大，發酵溫度也會越高，因此釀酒師若擁有不同尺寸大小的陶罐，便能做出另一種細微的控制。一般來說，用於發酵而非陳年使用的陶罐容量為 500~1,500 公升。

陶罐的蛋狀（通常陶瓶也是）據說能在發酵改變內部溫度時產生對流。這樣可以溫和地刺激酒渣，創造出一種不需釀酒師干涉的攪桶 [51] 效果。

陶罐底部的尖點可以收集酒渣（死酵母）、葡萄皮和其他固體（像是如果有使用葡萄梗的話），因為它們會逐漸下沉到底部。由於固體物和葡萄酒之間的接觸面積很小，因此還原性化合物幾乎不可能發展出來。

在葡萄酒保持幾個月不受干擾的情況下，緩慢而溫和的單寧及酚化物萃取過程將會持續進行。這個過程對葡萄酒的穩定性大為有利。

長期在陶罐裡的浸皮過程，得以使釀酒師對釀酒過程的干預幾乎為零，並且當然沒有任何額外的添加劑。

---

51 攪拌死酵母使其與葡萄酒接觸，進而增加酒體質地和穩定性。

修道院同時也達到作爲學習和研究場所的輔助功能。院內有一個實驗葡萄園，擁有 104 種喬治亞原生葡萄品種，同時也舉辦了 2011 年和 2013 年的陶罐葡萄酒國際研討會。造訪此地會感受到其強大力量，尤其如今宏偉的教堂翻新工作已完成，更能體驗到此處的偉大。然而不可避免的是，修道院如今也變得較爲觀光導向，導覽的工作不再是由僧侶，而是由專業導遊擔任。但這也證明了越來越多來自全球各地的遊客，想要感受喬治亞最眞實而古老的葡萄酒傳統。

Giorgi 'Gogi' Dakishvili 是來自卡赫季泰拉維的第三代釀酒師，他與其他幾位釀酒師一樣是採用傳統陶罐釀酒的先鋒之一。然而，他所走的是不同的路線：他先專精於西方的釀酒風格。Dakishvili 的職涯始於擔任 Teliani Valley JSC 酒廠的釀酒師，這是一家於 1997 年成爲私營的大型商業酒莊，在蘇聯時代，他的父親也曾爲此酒廠工作過。Dakishvili 並不打算釀造 Teliani 主流風格的葡萄酒。2002 年起，他開始收購幾個葡萄園的小地塊，並於 2005 年創建了 Vinoterra 酒莊。與他平日工作的目標完全不同，他釀製的是傳統的陶罐葡萄酒。

位於卡赫季 的 Schuchmann Winery 內封起的陶罐

位於卡赫季的 Orgo/Telada Winery 陶罐酒窖

Dakishvili 依然記得，要銷售他第一個年份的葡萄酒時真是困難重重。「2003 年時市面上還沒有琥珀色葡萄酒的類別，」他回憶說：「所以我只能在酒標上註明『白酒』。但喬治亞以外的客戶對此無法理解。」儘管如此，到了 2004 年，他已經開始外銷少量的葡萄酒，最遠到達美國。他的創意在於利用現代釀酒的技巧，加上對喬治亞傳統的熱愛。Vinoterra 葡萄酒十分親民，品質穩定，具有傳統的純正性，但又巧妙地加入 Dakishvili 的商業眼光。

直到 2008 年德國實業家 Burkhard Schuchmann 決定投資 Vinoterra 後，酒莊的生意才真正起飛。Schuchmann 買下酒莊，並讓 Dakishvili 成為合夥人。雖然 Schuchmann Wine（酒莊已更名）專注於釀製歐洲風格酒款，但它也將其陶罐葡萄酒產量（仍以 Vinoterra 酒標出售）擴大到每年約 30 萬瓶。Schuchmann 擁有三個酒窖，擁有 87 只陶罐，為喬治亞最大的陶罐葡萄酒生產者。而且因為這 30 萬瓶葡萄酒大部分都是由白葡萄品種（Rkatsiteli、Kisi 和 Mtsvane）製成，它也可說是全球最大的橘酒生產商。

喬治亞許多大型酒廠也紛紛效仿，開始釀造「精品」陶罐葡萄酒系列酒款。一部分的原因在於民族自豪，另一方面則是因為看好這個市場區塊的未來發展。雖然名為「精品」，但大廠的產量依舊會使小型果農相形見絀。儘管 Marani 酒莊的陶罐系列（Satrapezo）是於 2004 年推出 [52]，但該酒莊釀造陶罐葡萄酒其實有著悠久的歷史。Zurab Ramazashvili 解釋說：「我們的酒廠在蘇聯統治時期專門從事陶罐葡萄酒的釀造。半藏地下的酒窖中擁有超過半公頃的陶罐，但 1980 年代政府認為陶罐的生產成本過高，決定拆除大部分陶罐並將之出售。當我們到達時，仍然剩下 40 只陶罐，但是土壤全沒了！」他對 Satrapezo 系列供不應求經常銷售一空感到相當自豪，打算將年產量提高到大約 10 萬瓶。

---

[52] 一開始僅 Saperavi 在陶罐中釀製。自 2007 年起，Satrapezo 也推出陶罐發酵的 Rkatsiteli。

卡赫季陶罐葡萄酒釀製法

卡赫季東部一直以來都專注於白葡萄品種的釀造，使用此區主要的三品種：Rkatsiteli、Kisi 與 Mtsvane，三者如今都擁有至高無上的地位。此區以釀造最爲濃郁且最具架構的陶罐葡萄酒聞名。用最爲傳統也最爲單純的方式：

▶ 採收健康的葡萄並在大型木槽中用腳踩踏使葡萄破皮，類似葡萄牙波特酒（port）在石槽（lagare）中踩踏的傳統。

▶ 之後葡萄連皮帶梗移到陶罐內。

▶ 以葡萄天然酵母開始自發性發酵。葡萄皮經常下壓（每天三到五次）以確保它們保持濕潤。

▶ 大約兩週後（或當發酵完成後），陶罐會用石製或木製的蓋子密封，並在其上堆放土壤以確保密封。

▶ 大約六個月後（有時甚至更長），陶罐會打開，露出裡頭光彩奪目的深色但清澈的酒液。之後進行裝瓶或轉移到清潔的陶罐中以進一步儲存或陳年。

相反的，在伊梅列季西部，傳統上不使用葡萄梗，並且浸皮時間顯著較短（最多約三個月）。

在阿拉韋爾迪的葡萄踩踏槽（或稱 satsnakheli）

當年產量 400 萬瓶 [53] 的提弗利司酒莊 Tbilvino 決定在 2010 年開始生產陶罐葡萄酒時，其產量很快提升到 75,000 瓶，他們也預計在未來幾年將陶罐葡萄酒的年產量提高一倍。Tbilvino 和 Marani 大體上都是依照傳統方式釀製，品質也相當優良。這樣以相對大規模生產此類風格葡萄酒的現象非常引人注意，因爲這幾乎是前所未見的 [54]。在喬治亞之外，卽便是最大的泛稱「橘酒」的生產商，年產量也不會超過 5 萬瓶，而且多半被歸入小型、工匠、獨立酒莊類別。

在此必須清楚說明的是，這些以浸皮白葡萄品種在喬治亞陶罐中釀製出深琥珀色葡萄酒傳統的熱情追隨者、推動者和偶然成爲文化大使的人們，都沒有強大背景。但是對 Ramaz Nikoladze、Soliko Tsaishvili、Iago Bitarishvili、Gela Patalishvili、Giorgi Dakishvili 和 John Wurdeman 的努力，可能沒有太多的歷史傳承可以紀錄。然而，過去十年（2008~18）中，因著他們的努力，激盪出一股橘酒新風潮，如今許多喬治亞大型葡萄酒公司也開始積極推動此傳統。

儘管在葡萄酒專業人士圈內有各樣的行銷與炒作，但實際上陶罐葡萄酒僅占喬治亞葡萄酒總產量（2017 年出口量達到 7670 萬瓶）極小部分的事實是不容置疑。儘管如此，傳統陶罐葡萄酒產量與占市場主流的葡萄酒的成長速度一樣快，而非像在蘇聯統治時期那樣處於終極衰落的狀態。這是一個非常重要且具象徵意味的情勢逆轉，因爲這個極具代表性的陶土容器和培育其中的濃郁琥珀色酒液宛如生命共同體一般，是與喬治亞文化不可分割的 [55]。

53　2017 年的數據。

54　許多大型的阿連特如（Alentejo）生產者將葡萄酒在 talha（葡萄牙陶瓶）中發酵。

55　紅酒當然也在陶罐中釀製，不過在本書我將重點擺在白葡萄品種或琥珀色的葡萄酒。

西班牙原裝進口

BUTAMARTA

今天喝好油了嗎

—— 來自西班牙的液體黃金

布達馬爾它
100%第一道特級冷壓初榨橄欖油
Extra Virgin Olive Oil

豐富香郁風味，草本、番茄、番茄梗外，
還有奇異果、水梨等多層次的香氣與口感。

★ 百年橄欖油莊，12 小時現採現壓

★ 酸價低於 0.2 克

★ 發煙點攝氏 200 度，煎炒煮炸都適合

★ 100%單一品種 Picual，營養價值居所有橄欖之冠
　◆ 富含橄欖多酚
　◆ 單元不飽和 Omega-9 脂肪酸
　◆ 維生素 E 含量

94.2

COPE

PREMIOS
MEJOR
AOVE

SILVER
BEST
EVOO

ANDALUCIA
CAAE
AGRICULTURA ECOLÓGICA

AENOR
ER
Seguridad
Alimentaria
UNE-EN ISO 22000

PREMIOS
POPULARES
AOVE
COPE
PLATA
MEJOR
AOVE

CERTIFIED
IQNet
MANAGEMENT SYSTEM

特等獎
西班牙特級冷壓
初榨橄欖油評比

網路人氣
冠軍

· 特級冷壓初榨橄欖油評比特等獎
· 十大特級冷壓初榨橄欖油
　人氣排行 NO.1
· 通過西班牙 I.O.O.C 認證
· 布達馬爾他有機工廠認證
· 通過 SGS 不含重金屬檢驗
· 通過 ISO 22000 食安系統
· 投保二千萬元產品責任險

深杯子，顧名思義「深」字代表了兩個意思，
一是用深色杯子品酒與品油的盲品精神，另一個則
是葡萄酒與橄欖油無止盡的深奧哲理。

Butamarta 橄欖莊園源自西班牙，具有 150 多年的
悠久歷史。傳承傳統工藝，結合現代化機械，力求
最高品質的 100% 第一道特級冷壓初榨橄欖油。

深杯子
La Copa Oscura

深杯子 🔍

深入西班牙 貼近當地風俗
用專業與熱情為您挑選最道地的美味

重視 天、地、人、自然風土 西班牙葡萄酒莊

陶甕橘酒 *La Blanca*

芭樂、白桃、礦石口感，清爽飽滿

酒色：稻穗偏橘

橘酒：如同紅酒釀造法泡皮五個月
，顏色偏橘；陶甕陳年。

品種：100% Garnatxa Blanca

VI DE PLANA ALTA

LA BLANCA

AMFORA

2016

100% Brisat Garnatxa Blanca
DE VINYES ENÒSOS
VINS DEL TROS

深杯子 代理的酒莊雖小，每個莊主與釀酒
師的夢想卻無比大。這樣的職人熱情與理想連
結深杯子品牌初心，我們期望能建構一個西班
牙小眾葡萄酒與台灣愛酒人士的橋樑。

進 口 商 ▶ 深杯子(寬能企業有限公司)
訂購專線 ▶ 02-2827-8278
官方網站 ▶ shop.lacopaoscura.com
LINE@ ▶ @tux4199x (@需輸入搜尋)

掃我加好友

在 Zaza Remi Kbilashvili 的工作室中剛從烤箱燒製完成的陶罐

陶罐的清潔

喬治亞以外的釀酒師對使用陶罐釀酒最大的抱怨在於清潔陶罐的困難度。這是一個相當勞動密集的過程，當然絕不像擁有活板門和蓋子的不鏽鋼桶那樣容易清洗。但若以禪修的態度來做清潔，則絕對可行。

傳統上，陶罐是以石灰或灰清潔，之後用熱水沖洗。若是大型陶罐，這個過程可能需要數小時才能完成。所使用的清潔工具是以聖約翰草（金絲桃）製成的刷子或用櫻桃樹皮做成的海綿長桿，兩者都具有防腐特性。

清潔之後，有時可以在陶罐中燃燒硫磺以作為抗菌劑。

清潔陶罐是釀酒師日曆中最重要的任務之一。正如 Giorgi Barisashvili 所說：「將葡萄酒倒入未清洗過的陶罐中是萬萬不可行的！」

傳統上要確認陶罐已清潔的方法是飲用裡頭沖洗陶罐的水。如果味道不錯，那就大功告成了！

在 Zaza Remi Kbilashvili 的工作室的陶罐半成品

Soliko Tsaishvili 在與胰腺癌奮戰兩年後於 2018 年 4 月過世。
喬治亞失去了一位促成現代陶罐復興運動最重要的先驅。

喬治亞提弗利司
的和平橋

跨越大西洋與其他各地

2009 年 5 月

Joško Gravner 對 2009 年 5 月 2 日星期六將發生的事件沒有任何心理準備。他接到一通電話，通知他的兒子 Miha 在摩托車事故中受了傷。他立即跳上車，開了四小時車到醫院。不過這是個徒勞無功的旅程，Miha 在救護車上便因內出血而過世，Joško 沒有見到他最後一面。

相對於 Joško 退出與其他當地釀酒師的互動、多年來從義大利酒評家那裡所受到的打擊，跟如今他所感受到的孤立程度相比，根本算不了什麼。Miha 與父親一起工作多年，並且正準備逐步接手酒莊的經營工作。他一直在鼓吹父親採用生物動力法，認為這是一個十分合邏輯的下個步驟。少了兒子，Joško 無心再探索採用生物動力法的可能性。在他的小女兒 Jana 再次膽敢提出採用 Steiner 的耕作法這個話題，得再等五年。

接下來的幾年裡，Joško 退回了他的葡萄園和他的葡萄酒，對接待遊客的熱情甚至比以前更低。無論是紅蝦評鑑或其他任何地方看到對他葡萄酒的負評，都已不再重要。在那些年的採訪中，他幾乎都只重複地說：「我釀酒是為了自己喝，若有剩下我才賣出去。」在發生如此重大的個人事件後，這是一種自然的內向和內省反應。

Joško 的女兒們慢慢地填補了虛空。Jana 和父親一樣有著強烈的熱情，開始陪伴他進入酒窖和葡萄園。受過專業釀酒師訓練，外向且永遠面帶微笑的 Mateja 則完全改變自己在上阿迪杰的生活，而進入酒莊工作，從 2014 年開始處理酒莊對外的公關與業務。

Joško 也沒有停滯不前。如果觀察家認為他對陶罐和浸皮葡萄酒的皈依是個完全極端和相當清教徒的做法，那會有更大的驚喜等著他們。Ribolla Gialla 一直是 Joško 最喜歡的葡萄品種，這是個適應力最佳，至少有 500 年歷史的品種。

擁有最厚、最美味的葡萄皮，唯有經過長期的浸皮過程才能擁有最佳的表現。
Gravner 的全有或全無的邏輯很簡單：如果這是最好的葡萄，那麼何必浪費時間
在其他品種？他將葡萄園中的所有國際白葡萄品種連根拔起，要麼回歸自然，
若葡萄園的品質優異，那麼就改種 Ribolla Gialla。整個過程在 2012 年完成，
那個秋天，Joško 釀製了他最後一款 Breg 葡萄酒，這是由 Chardonnay、Pinot
Grigio、Sauvignon Blanc 與 Welschriesling 混釀的白酒，是酒莊過去二十年來
的主要支柱。[56]

當 Joško 開始應用簡化原理將其葡萄酒釀造濃縮至最純粹的形式時，全世界也正
逐漸學習如何享受葡萄酒。

Mateja Gravner 攝於 2017 年 10 月

56　2012 年份的 Breg 將於 2020 年上市。

9

橘酒，
我很好奇！

隨著千禧年的開始，Bobby Stuckey 的職涯也開始蓬勃發展。他來自亞利桑那州，是位說話直白、工作認真的侍酒師。他剛剛離開位於科羅拉多州阿斯本（Aspen）的 The Little Nell 餐廳，他在那裡工作了五年，擔任葡萄酒總監的職位。他獲獎無數，從 Wine Spectator 到詹姆斯比爾德基金會（James Beard Foundation）等獎項。2000 年他更上一層樓，擔任加州納帕谷（Napa Valley）揚特維爾（Yountville）Thomas Keller 知名的 The French Laundry 餐廳的葡萄酒總監。

自 2004 年以來，Stuckey 也得到許多人夢寐以求、全球僅有 249 名的侍酒大師（Master Sommelier）[57] 資格的人之一。欲得到這個頭銜，除了需要多年的學習和經驗，還要能通過以困難出名的考題與盲品測驗。此外，他也是弗留利葡萄酒的忠實粉絲。

自 1990 年代初期開始，Stuckey 便一直買入寇里歐的頂級葡萄酒，其中最受歡迎的要數 Joško Gravner 的木桶發酵酒款。他在 The French Laundry 的任務是將餐

57　自 2018 年起。

Gravner 的酒瓶

廳以全納帕葡萄酒爲主的酒單轉變爲更全面，包括布根地、托斯卡尼等歐洲經典產區。採購 Gravner 剛剛上市的 1997 年酒款是絕對必要的，因爲若不趕快下訂，它們很快便會在酒莊銷售一空。

Stuckey 第一次品嘗 Gravner 新年份葡萄酒並非在自己的餐廳，而是在剛將此年份酒款列上酒單的附近餐館吃飯時。喝完一口他震驚不已，他回憶說，當他看著玻璃杯裡色澤朦朧的紅褐色液體時，「我的第一直覺是，『這酒氧化了』。」然後，「我的第二直覺是，我需要趕快打電話給我的進口商！」

他用侍酒師的專業知識，細細整理了自己的思路。酒中的香氣並不屬於變了質的氧化葡萄酒，酒中的味道也沒變差；這酒絕對沒有缺陷。但假如是這樣的話，顯然酒中發生其他的變化。Stuckey 知道他必須堅持己見，但他沒有其他的資訊可

以協助，2000 年時，並沒有葡萄酒部落格可以參考，而像 Joško Gravner 這樣的生產者也不可能靠電子郵件聯繫。幸運的是，他還有別的門路。

George Vare Jr. 是哈佛商學院的畢業生，從 1972 年到 1990 年代中期是納帕谷的主要葡萄酒大亨之一。1996 年，他成立了 Luna 酒廠，開始在納帕專門種植義大利葡萄品種。到 1990 年代後期，隨著退休年紀的逼近，Vare 更加沉迷於義大利的傳統和小型家族酒莊，也變得越來越喜愛弗留利葡萄酒，並成爲 Joško Gravner 的朋友，還從 Joško 那裡得到一些珍貴的 Ribolla Gialla 葡萄藤。Vare 將它們偷偷帶回美國種在一個小葡萄園裡。Bobby Stuckey 知道 Vare 應該可以給他一些關於 Gravner 的內線消息，他的直覺沒錯。

卽便清楚了 Gravner 風格轉變的來龍去脈，要銷售他的葡萄酒卻仍是一大挑戰。「Gravner 基本上是當時最受歡迎的弗留利酒莊，」Stuckey 回憶道：「他每年都會從紅蝦評鑑中獲得三只酒杯的最高等級殊榮 [58]。他會做出這麼戲劇化的風格轉變眞是令人驚訝。」一如預期，若不靠著 The French Laundry 侍酒師們的舌燦蓮花，要銷售 Gravner 的 Ribolla Gialla 或 Breg 1997 實在不容易。

Stuckey 的挑戰在於當時缺乏這樣的葡萄酒類別，而且這樣風格的酒款也打亂了餐廳已建立的食物搭配建議。「我們有一份列表可以將 Gravner 的酒與餐搭配，但這樣的搭配已不再適用。」此外，葡萄酒的顏色也非一般的紅色、白色與粉紅色。

2004 年，一位來自英國的年輕葡萄酒進口商前往西西里島的埃特納火山（Mount Etna），爲激進派的比利時釀酒師 Frank Cornelissen 擔任「酒窖老鼠」[59]，他的名字是 David A. Harvey，而他也會從不同的角度解決 Stuckey 所面臨的問題。Cornelissen 放棄過去金融交易員、登山家和名酒經紀人的生活，於 2001 年搬到

---

[58] Tre Biccheri 或三只酒杯，是每年義大利葡萄酒紅蝦評鑑給酒款的最高殊榮。
[59] 酒窖助手像老鼠一樣不見天日。

Primosic 浸皮酒款的色澤

山上開始釀酒。他的目的是「釀造沒有額外添加物的優質名酒」。換句話說，除了葡萄之外什麼都沒有；不用培養酵母、不另外添加酸，也沒有額外的二氧化硫。

依據你是否喜歡他的葡萄酒風格而定，Cornelissen 可能是瘋子或是天才，但不管如何，他開始聲名大噪。他早期的酒表現難以預期，有時會在瓶中開始二次發酵，有時會過早氧化，但有時也可能很迷人。因為他喜歡浸皮過程的單純性，因此釀造一款名為 Munjebel Bianco[60] 的白酒，連皮發酵 30 天。一如 Gravner，Cornelissen 也在 2000 年造訪喬治亞（純屬巧合），並且也認為陶罐是完美的發酵容器。不過他與陶罐的「戀情」維持的時間較短。

橘酒的陳年

來自寇里歐或巴達經過浸皮過程的優異白酒，會需要時間在瓶中陳年以便展現出自己最佳的一面。Levi Dalton 便說：「一旦人們以對待巴羅鏤（Barolo）酒款一般的態度看待這些葡萄酒，酒的表現便會越優異。」這是個很好的說法。沒有人會期待一款三歲的巴羅鏤能夠展現自己，表現百分之百的完美成績，對 Ribolla Gialla 或許多其他經過長期浸皮過程的品種也是如此。

可惜的是，在經濟與儲存空間的考量下，許多生產者都太早將葡萄酒上市。對還沒辦法有庫存或財務還不穩定的新酒莊更是如此。

生產者如 Radikon、Gravner、JNK 和 Zorjan，都在葡萄酒上市前先行經過十年的陳年期，這令我產生莫大的敬意。他們在獲利之前優先考慮客戶的享受，這並非易事。

絕大多數生產者在葡萄酒一到兩歲時就會上市。理想情況是購買至少兩瓶你感興趣的葡萄酒，即使你無法抵擋開了第一瓶來享用，仍能將第二瓶存放在涼爽、黑暗的地方一兩年。額外的陳年可以對葡萄酒的均衡度、複雜度和可飲用性產生非凡的影響。

關於在葡萄酒未添加二氧化硫的情況下是否具陳年實力這點已有許多的討論。這對優異的葡萄酒來說不成問題，但仍要注意儲存溫度。葡萄酒喜歡被儲存在沒有光線和具穩定溫度的地方，尤其溫度不會升高超過 16~18°C。軟木塞是任何酒瓶的弱點所在，但我們可以將葡萄酒平放，並確保儲存區域的濕度較高而非過低（80~90% 的濕度是最理想的），這將有助於保存軟木塞的濕潤度。一旦沒有添加二氧化硫來保護葡萄酒時，這些因素變得更加重要。

---

60 最近的年份中，Cornelissen 推出了 Munjebel Bianco VA（Vigne Alte，即老藤）酒款，也經過浸皮。他將浸皮過程的時間減少到只有 1-2 週。

Harvey 和 Cornelissen 兩人配合得相當好。兩人都固執、聰明、專業,同時也喜歡討論各樣議題。哈維回憶說:「當我們為 Munjebel Bianco 做採收與篩選葡萄時,我們談到並喝了 Gravner、Radikon 與 Vodopivec。然後我們發現一個難題,這個新興的葡萄酒風格並沒有所屬的類別。」

Harvey 以消去法創造了「橘酒」(orange wine)一詞,後來他在 2011 年的《World of Fine Wine》雜誌中解釋道:「我們選了幾個名字。像是浸皮(過於技術性)、琥珀色的酒(難以被理解)、黃酒(已經被使用了)[61]、金酒(過於自命不凡),以及最後的『橘酒』。橘色 orange 這個字,又正好在英語、法語以及德語當中都是同一個字。」他之後將這個術語創造過程描述為「一個密集的理論練習,目的在於解決這類葡萄酒被稱為白酒的問題。在考慮了會妨礙採用這種顏色或技術名稱的各項因素和所有現存的葡萄酒類型或產區法定名稱(例如 Vin Jaune 或 Rivesaltes Ambre)之後,才做出如此決定。」

Harvey 最初是在自己的電子報和其他文章中使用橘酒一詞,後來這個名字逐漸被業界和消費者採用。Harvey 還請 Jancis Robinson 和 Rose Murray Brown MW 來品酒,兩人後來在 2007 年的報紙文章中也使用了這個詞。

《紐約時報》資深酒評家 Eric Asimov 在 2005 年撰寫了關於 Gravner 及其喬治亞陶罐風格的葡萄酒文章,當時他沒有一個術語可以用來描述 Gravner 的新風格葡萄酒。2007 年,他把注意力轉向 Radikon 和 Vodopivec,但同樣沒有簡單的術語可以對此類葡萄酒做分類,因此他所用的字眼是「朦朧的粉紅色,幾乎像是蘋果酒一般的色澤」,還提到葡萄酒很「鮮活」。到了 2009 年,當 Asimov 再次對這個話題進行討論時,他很高興地接受了「Convivio 餐廳的侍酒師 Levi Dalton 所建議的橘酒一詞。對一個使用新鮮葡萄汁與葡萄皮接觸一段時間的釀酒技術,且不能歸類於白酒的酒款來說,這不啻是一個很好的術語。」Asimov 用來定義橘

61　Harvey 在此所指的是 Vin Jaune,是法國 Jura 產區一種經過刻意氧化,以 Savagnin 所釀成的酒款。

酒的一段話，也顯示這個類別的葡萄酒確實需要一個簡短而令人難忘的名字。

Levi Dalton 在 2000 年代被視爲美國東海岸最聰明、最具創意的侍酒師之一[62]。
在任職於 Masa、Convivio 和 Alto 這三家高級餐廳的經驗中，Dalton 發現，一旦
客人可以選擇自己的餐點或出菜順序（如 Convivio 的 prix fixe 菜單），葡萄酒的
搭配便變得極具挑戰性。他的解決方案是：利用多種少見的義大利葡萄品種和不
同風格來彌補差距。Dalton 的客人也因此在他們享用主菜時嘗試了 Frappato、
Aglianico 或 Malvasia di Candia 等。

他們也非常可能喝到 Dalton 熱愛的橘酒。2002 年或 2003 年的一次業界品酒會上，
Dalton 喝到由酒商 Chip Coen 提供的 Gravner 的 Ribolla Gialla[63]。他沒有一見鍾
情，而是著迷，正如他後來回憶的那樣。「我很想說我一喝這酒便宛如天堂打開
了，我敬畏地倒在地上，因著天啓感到震驚。但實際上，喝下它讓我感到非常困
惑。我發現隨著時間的推移，這是引起我對橘酒眞正感興趣的一個關鍵點。如果
我完全不了解它，那麼就給我更多的橘酒吧！ Gravner 的酒標也很漂亮，一個好
的酒標對銷售絕對有幫助。總之，我很震驚。我想知道如何才能喝到更多這類獨
特而奇妙的葡萄酒？」

Dalton 毫不猶豫地將這酒放在他當時工作的波士頓餐廳的酒單上，但當然這酒
完全賣不好。直到他在 Convivio（2008~09）工作，才有機會開始向更多客人介
紹他心愛的 Gravner 和 Radikon 葡萄酒。他將這類葡萄酒視爲秘密武器。當同一
桌的客人選擇了兩種完全對立的主菜組合，或菜單上出現海膽或蘆筍等棘手食材
時，就是橘酒上臺表現的時刻了。Dalton 對橘酒的痴迷迅速蔓延到曼哈頓的葡萄

62　此後，他由侍酒師的身分轉換爲「I'll drink to that」podcast 的主持人和製作人。可由
　　www.illdrinktothatpod.com 免費收聽他的 podcast。

63　Dalton 不記得這是在 2002 年末還是在 2003 年初／中期發生的事，但是無論如何絕對是在
　　2003 年 11 月之前。他在自己的部落格 www.soyouwanttobeasommelier.blogspot.com 上
　　聲稱該年份是 2000 年。但是根據 Gravner 家族的說法，這應該不可能，因爲 2000 年的
　　Ribolla Gialla 是直到 2004 年才裝瓶。

酒世界，尤其在他於 2009 年 5 月籌劃了一場搭配 37 款橘酒的品嘗晚宴之後。與會者包括 Asimov、葡萄酒評論家和部落客 Tyler Colman（即 Dr. Vino）和 Thor Iverson 等。之後所有人都對此事件進行廣泛的報導。橘酒不再是個秘密：它有點怪，但它終於有了名字，還有極具影響力的粉絲團。

2009 年 5 月 Convivio 橘酒品嘗晚宴酒單

Casa Coste Piane - *'Tranquillo' Prosecco 2006*
Cornelissen - *Munjebel 4 Bianco*
De Conciliis - *Antece 2004*
Monastero Suore Cistercensi - *Coenobium 2007*
Monastero Suore Cistercensi - *Coenobium Rusticum 2007*
Monastero Suore Cistercensi - *Coenobium 2006*
Paolo Bea - *Arboreus 2004*
Massa Vecchia - *Bianco 2005*
Cà de Noci - *Notte di Luna 2007*
Cà de Noci - *Notte di Luna 2006*
Cà de Noci - *Riserva dei Fratelli 2005*
La Stoppa - *Ageno 2004*
Castello di Lispida - *Amphora 2002*
Castello di Lispida - *Terralba 2002*
La Biancara - *Taibane 1996*
Kante - *Sauvignon 2006*
Damijan Podversic - *Kaplja 2003*
Damijan Podversic - *Kaplja 2004*
Radikon - *Jakot 2003*
Radikon - *Ribolla Gialla Riserva 1997*
Radikon - *Ribolla Gialla 2001*
Gravner - *Ribolla Gialla 1997*
Gravner - *Ribolla Gialla Anfora 2001*
Gravner - *Ribolla Gialla 2000*
Gravner - *Breg Anfora 2001*
Zidarich - *Vitovska 2005*
Zidarich - *Malvasia 2005*
Vodopivec - *Vitovska 2003*
Vodopivec - *Vitovska 2004*
Vodopivec - *Solo MM4*
Giorgio Clai - *Sveti Jakov 2007*
Movia - *Lunar 2007*
Vinoterra – *Kisi 2006*
Wind Gap - *Pinot Gris 2007*
Scholium Project - *San Floriano Del Collio 2006*

購買橘酒

橘酒的種類繁多，類似白酒、紅酒與粉紅酒。以下是如何分別並找到自己所偏好的風格。

口感輕盈、多花香而清新的橘酒

尋找半芳香型品種，如 Sauvignon Blanc 或 Friulano，而且浸皮過程在一週以內的酒款。浸皮時間短的 Vitovska 也適合歸於此類別。

這些葡萄酒通常顏色較淺，唯有在品嚐時才會露出它們的「橘色」真貌。

澳洲、紐西蘭和南非的一些年輕的酒莊正逐漸將此類風格臻至完美。在此，浸皮過程並非主角，它們的目的在於從旁支持酒中的果味，並提供額外的複雜度。

濃郁芳香型橘酒

芳香型品種，如 Muscat 或 Gewurztraminer（以及半芳香型的 Traminer）在僅　週的浸皮過程中便能呈現出強大的花香味。

這些酒款有時能表現出更多的細緻花香調或香水氣息。屬於最具特色的橘酒種類，很難會錯過，但如果你不喜歡玫瑰花瓣或荔枝香氣，那麼這類橘酒便會讓你感到又愛又恨。

質地柔軟酒體中度的橘酒

葡萄酒經兩到三週的浸皮過程，加上輕柔的萃取，得以表現出豐富的香氣和口感，但在質地上更像白酒。這些葡萄酒相當多樣化，可以單獨或與食物一起享用。

多變的 Chardonnay 經常能釀成這類型的橘酒。此外，大部分來自義大利（拉吉歐、翁布里亞和托斯卡尼）以 Trebbiano 為主的橘酒也是如此。

酒體飽滿、單寧高，具陳年實力的橘酒

這類葡萄酒是經過一個月或更長的浸皮時間，使用的是厚皮型品種，如 Ribolla Gialla、Cortese 或 Mtsvane，釀出極致的橘酒。這類酒款通常需要在瓶中陳年，能與嚴肅而具架構的紅酒相抗衡，也應該被當做紅酒一樣不經冷藏並給它們時間醒酒。

Gravner、Prinčič 和 Radikon 的 Ribolla Giallas 是這類酒款的代表；卡赫季的陶罐葡萄酒也屬此類。

優雅、複雜度佳、帶著細緻質地的葡萄酒

若以熟練的技巧使用陶瓶、陶罐或混凝土蛋型發酵槽，通常會使酒液產生非常溫和的萃取，並能輕柔地刺激酒渣（這是因爲蛋型容器內的對流影響）。

來自 Foradori、Iago Bitarishvili 或 Vodopivec 的葡萄酒經過至少六個月的浸皮時間，卻表現出細緻如絲般的美妙口感。

粉紅葡萄皮與怪異的酒色

一些通常被認爲是白葡萄的品種，實際上具有粉紅色的葡萄皮（Pinot Grigio 和 Grenache Gris 是兩個絕佳範例）。經過浸皮發酵後的酒款外觀與粉紅酒沒有兩樣，有時甚至是淺紅色。特別是 Pinot Grigio 甚至僅需幾天的浸皮就能給帶來令人震撼的粉紅色調。

氣泡橘酒

橘酒沒有理由不能有氣泡，尤其是 Prosecco 或來自艾米里亞—羅馬涅的某些葡萄酒。妙的是，如此一來，氣泡酒可不是只能酸到不行或像是檸檬冰沙一樣，還可以擁有橘酒的深度和複雜度，並加上令人快樂的泡泡。

來自 Croci 具單寧卻討喜的葡萄酒和 Costadilà 有些瘋狂而帶著大地風味的 col fondo（天然氣泡 Prosecco），是兩個絕佳的例子。

10

厭惡者
恆恨之

2000 年代後期，大西洋兩岸的酒評家和葡萄酒權威除了要開始認識 Gravner、Radikon 等新流派葡萄酒，同時也得試圖了解發展快速的自然酒運動。雖然這類小型工匠葡萄酒生產者及其擁護者已經低調存在十多年，但隨著千禧年的推進，人們也逐漸開始注意到它的存在。

自然酒的出現激怒了不少葡萄酒界的老字號，原因之一在於一旦將葡萄酒定位為「自然」，很明顯地便暗示反對者（大量生產的主流酒款）必定為「不自然」。另一個問題是若要將之做歸類也是個棘手的問題。有機和生物動力法酒農可以被認證，一旦經過認證便有法規可依循；即便許多小型義大利生產者選擇不申請認證。但「自然酒」沒有明確的定義、沒有法規可循，也沒有嚴格的規則。它被比喻為龐克運動，或許更恰當的說法是將它視為新興的藝術風格。藝術家康丁斯基（Wassily Kandinsky）和蒙德里安（Piet Mondrian）是 20 世紀初抽象畫派的兩大巨頭，但兩人從未見過面或交換過想法，而他們創建的畫風只能以回顧的方式做出定義。

或許歷史會以類似的方式來回顧自然酒。雖然如今有 INAO[64] 開始對是否應有法規監管做討論，以及葡萄酒展和獨立生產者所發布的宣言，但仍然沒有關於自然酒的官方定義。一般是環繞於永續、堅持傳統，以及對葡萄園和釀酒過程的最小人工干預等幾個原則。這通常意味著：

▶ 葡萄園以有機或生物動力法耕作，無論是否經過認證

▶ 人工採收

▶ 發酵是採用原生（天然）酵母自發性產生

▶ 任何時候都不使用酵素、校正劑或其他添加劑（因此不會經過酸化或脫酸過程，也不添加單寧或調色劑）

▶ 有些支持者認為發酵溫度也不能經過人工控制，而即便是白酒也不應該阻止乳酸發酵[65] 的產生

▶ 在釀酒過程中的任何時候，包括裝瓶，都不添加或僅加非常小量的二氧化硫（這點通常爭議最大）

▶ 不經澄清或過濾

▶ 沒有其他大量的人工干涉（如旋轉錐、逆滲透、低溫萃取、快速加工、紫外線 C 照射）

▶ 也有人認為，若使用新橡木桶或其他會在葡萄酒中留下濃郁味道的木桶也會使葡萄酒變得不自然

2008 年，一位自然酒大力倡導者開始受到注意。頂著火紅色頭髮、身材嬌小的 Alice Feiring 是個典型的紐約人：大膽無畏、講話速度超快、聰慧過人。因著她

64　The Institut National de l'Origine et de la Qualité 是監督法國所有關於葡萄酒和葡萄栽培法規的機構。

65　第二次非酒精發酵，如果生產者不採取干預措施，通常會在所有葡萄酒中自然發生。它會將尖銳的蘋果酸轉化為較軟的乳酸，因此稱為乳酸發酵。

2008 年所出版的《爲葡萄酒和愛爭戰》（*The Battle for Wine and Love: Or How I Saved the World from Parkerization*）一書，奠定了她工匠葡萄酒救星的地位。她強烈反對釀酒同質化並大力批評那些口感濃郁、酒精濃度高的葡萄酒總是被評爲一百分的文化，這使她很快成爲自然酒世界的寵兒，並成爲要了解最佳葡萄酒生產者最佳的資源取得處。

Feiring 最初將重點大量擺在法國酒，而她的前兩本書也曾提到橘酒。然而，2016 年，在宛如是對喬治亞及其葡萄酒文化公開情書的《酒之愛》（*For the Love of Wine*）一書中，她倡導浸皮白、紅酒的好處 [66]。不過，Feiring 對長時間浸皮發酵的過程仍抱持謹慎的態度，正如她在 2017 年 2 月於自己的網站上所做的解釋：

> 2006 年，當第一批浸皮葡萄酒來到美國時，多數都不成功。有些酒款帶著乾掉而刻板的水果味與過度的單寧。但是在過去十年中，人們開始了解可以使用葡萄皮來減少葡萄酒中的添加物，再加上於陶罐中發酵葡萄酒的方法逐漸受到歡迎（當葡萄與葡萄汁遇上陶罐簡直是如魚得水），釀酒師學會在釀酒過程中減少干預，許多優異的「橘酒」開始如雨後春筍般出現。這不是因爲它們是一種風格，而是因爲它們有存在的目的。

2011 年夏天在英國，葡萄酒大師伊莎貝爾・雷爵宏（法國至今唯一的女性葡萄酒大師）與一群自然酒進口商，包括 Les Caves de Pyrene，一起組織了倫敦第一場自然酒展。數千名熱情的葡萄酒愛好者和專業人士都參與了這場辦在歷史悠久的博羅市場（Borough Market）爲期三天的活動，也吸引衆多媒體的報導。這場酒展明顯地將葡萄酒評家一分爲二。Tim Atkin、Robert Joseph、Tom Wark 等人抱持著懷疑態度，甚至公然反對自然酒，聲稱這個運動是個錯誤，是酒莊釀

---

[66] 2014 年本書還是本小冊子時的原始書名是《Skin Contact》（與喬治亞國家葡萄酒署合作出版）。

Skerk 的酒瓶

造劣質葡萄酒的藉口，並將此運動比喻為國王的新衣。然而，其他人包括 Jancis Robinson、Jamie Goode 和 Eric Asimov 等，則對自然酒的多樣化與大膽的風格感到無比興奮。

雷爵宏的自然酒展與進口酒商之間的合作關係沒有延續下去。2012 年，倫敦變成有兩個相互競爭的酒展可供選擇：Les Caves 的 Real Wine Fair 和雷爵宏的 Raw Wine Fair。兩場酒展相繼獲得極大的成功。無論是對葡萄酒業者還是越來越多的葡萄酒消費者來說，自然酒運動已被認定是他們嘗試葡萄酒更為永續而新奇的途徑。

不同於 Feiring，雷爵宏毫不掩飾她對浸皮白酒的喜愛。2011 年，她與 Eko Glonti

博士合作以陶罐釀製琥珀色的酒。Glonti 博士原本在喬治亞是位醫師，但決定改變職涯。藉著兩人所釀出的 Lagvinari Rkatsiteli 使 Glonti 被認爲是喬治亞最佳的釀酒師之一，這款酒並在 2013 年 Raw Wine Fair 大師班中亮相。

橘酒成爲酒評家討論自然酒時偏好的切入點，原因在於相較於主流白酒，橘酒所表現出的是最極端的形式。對某些傳統主義者來說，明顯爲白酒卻有時帶著鮮明單寧的這類葡萄酒很難被某些傳統人士理解。甚至許多資深葡萄酒的作家和專家都無法超越顏色這一關，他們會說：「橘酒？這些酒不過是氧化的白酒罷了。」在葡萄酒專業圈內，琥珀色、紅褐色、金色或橘色似乎永遠被視爲白酒的缺陷。

Frédéric Brochet 對人們會憑藉視覺線索而做出假設這點擁有如山的鐵證。他是位法國學者，在 2001 年對 52 名釀酒學生進行了一項研究。他提供兩種葡萄酒供他們品嘗，一紅一白。對於白酒，學生們提出「花香」、「水蜜桃」或「蜂蜜」等形容詞，這都非常正確，因爲他們杯中的酒是來自波爾多的 Semillon/Sauvignon 調配酒款。對於杯中的紅酒，他們的形容詞則轉變爲「覆盆子」、「櫻桃」或「菸草」。但其實，Brochet 用的是同樣的葡萄酒，只不過在其中一款中加了紅色食用色素。

他承認這個狡猾的實驗證明了視覺美學對葡萄酒的感官認知有多大的影響。正如 Bobby Stuckey 在 2000 年第一次嘗試橘酒時相當震驚一樣，葡萄酒愛好者和專業人士在品嘗到 Radikon 的 Oslavje 或 Zidarich 的 Vitovska 時同樣會感到無比困惑。有些人能夠擺脫先入爲主的假設，有些人則沒辦法。

著名的倫敦葡萄酒商 Farr Vintners 的董事長 Stephen Browett，和如今已退休、以直言不諱與評論「Superplonk」[67] 出名的英國酒評家 Malcolm Gluck，便是完全無法擺脫先入爲主觀念的兩位。2016 年 6 月在 Sager + Wilde 酒吧舉行的

67　Malcolm Gluck 在《衛報》上每週對超級市場葡萄酒進行匯總，這在 1980 年代極受歡迎，也促使許多同名書籍的問世，直到 2000 年都持續出版。

巴黎品酒會 [68]40 週年慶祝會中，一群葡萄酒專業人士，包括 Gluck、Browett、Stephen Spurrier、Julia Harding MW 與作者本人，對六組葡萄酒進行盲飲。每組有兩款葡萄酒，一款來自加州，一款來自法國。當這群專業人士對這些酒作評論的同時，樓下的房間則擠了 50 名年輕而對自然酒充滿熱情的葡萄酒愛好者同時嘗試相同的六組酒。

第三組葡萄酒超出 1976 年最初的巴黎品酒會的的範疇。充滿活力且興奮無比的 Michael Sager 選擇了兩款琥珀色的葡萄酒：2014 年 Scholium 的 Prince in his Caves 2014 以及 Sébastien Riffault 的 Sauletas 2010[69]。Gluck 對這組葡萄酒的厭惡毫不加掩飾。「我甚至不會在葬禮時把這酒拿給我不喜歡的人喝。」他諷刺地說。這大概是因爲他不喜歡 Sauletas 酒中的單寧、顏色或氧化風格。Browett 也表示同意，而與 Michael Schuster 同桌坐在 Gluck 旁邊的人也同樣附和著。在他們的鼓舞下，Gluck 更趁勝追擊地對 Sager 說：「我敢打賭你找不到任何會喜歡這些葡萄酒的人！」

Sager 很少會感到如此窘迫，但在當下，他也不知如何回應。他無力地以手勢詢問在場人士是否喜歡這款酒，兩位年輕的侍酒師舉了手。Gluck 的職涯是以提出煽動性言論聞名，而他也得到葡萄酒業界的支持，正如他在 2008 年所出版的最後一本書《葡萄酒大騙局》（The Great Wine Swindle）裡提到的那樣。然而，他的評論和所得到的支持，也清楚地證明葡萄酒世界中有著一群人根深蒂固地

68　Stephen Spurrier 於 1976 年在加州進行了如今已成爲葡萄酒界傳奇事件的加州和法國葡萄酒的盲品會。會中一些加州酒竟然在盲品中贏過更爲知名的波爾多葡萄酒時，引起了葡萄酒界的軒然大波。此事件是 2008 年電影《戀戀酒鄉》（Bottle Shock）的背景，片中由 Alan Rickman 飾演 Spurrier。

69　即便帶著琥珀色，但 Riffault 的葡萄酒並不經浸皮過程，其顏色來自刻意氧化。Riffault 在 2013 年釀造第一款浸皮葡萄酒 Auksinis。Prince in his Caves 是一款浸皮發酵的 Sauvignon Blanc。

對橘酒（或其他任何與主流相當不同的東西）感到難以理解。每找到一位像是 Bobby Stuckey 或 Michael Sager 一般心胸開闊的推廣者，就會有十名頑固的專業人士有意或無意地對消費者傳達一個訊息，就是橘酒要不是很難懂，就是有缺陷或甚至噁心。「厭惡者恆恨之」不就這麼一回事嗎？

Robert Parker 並沒有特別發表他對橘酒的看法。但從他在 2014 年於 Wine Advocate 網站上發表的〈Article of Merit〉一文中看來，他對橘酒的觀點恐怕也不會太友善。Parker 將自然酒支持者稱爲「十字軍」，他對自然酒以及其影射波爾多或布根地名酒都是經過工業化製造和人工干涉這點大力抨擊。他將所有的自然酒混爲一談，聲稱這些都是「氧化、腐壞、帶著糞便味、看起來像橘色葡萄汁或生鏽的冰茶一樣」。即便他的抨擊帶著一種沮喪和苦澀的語氣，但這也代表了他這一代人——包括 Parker 的粉絲——所抱持的觀點。

在英國擁有與 Parker 同等地位的酒評家，通常抱持著更爲開放的態度。Jancis Robinson 與同事 Julia Harding MW 是以公平的態度來對待橘酒。她們提出的任何批評，是她們在對任何風格、顏色或釀造哲學都可能出現的。Robinson 在 2008 年發表的一篇長篇文章中評論了許多斯洛維尼亞葡萄酒，文中指出，「有些生產者的真正不同之處在於他們偏好將年輕葡萄酒與葡萄皮接觸」。而她也衷心推薦某些酒款，像是 Batič 的 Zaria 和 Movia 的 Rebula 等經典葡萄酒就得到特別的讚美；即便她對其他的葡萄酒沒那麼興奮[70]。

如果有人能夠超越 Robinson 超凡的經驗與品味，那非 Hugh Johnson 莫屬。Johnson 大 Jancis 11 歲，自 1960 年 12 月開始撰寫關於葡萄酒的文章（像是英國版《Vogue》雜誌！），並始終將自己定位爲對葡萄酒的時尚完全免疫，但對葡萄酒界的變遷也表現出廣泛而包容的態度。然而，在 2016 年接受《華盛頓郵報》

---

70 她在文中沒有使用「橘酒」一詞。

採訪時，他對自然酒和橘酒這個新興流派表示不滿。「橘酒不過是個浪費時間用的餘興節目，」他說：「人們何必要做這類的實驗呢？如今我們已經知道如何能釀出好酒，幹嘛要把這樣的配方丟掉去做其他不同的事呢？」

為了要了解到底是什麼促使 Johnson 對這個受到極大矚目的葡萄酒表現出如此不屑一顧的態度，我邀請 Johnson 接受挑戰進行對談。由一位共同的朋友（極具外交手腕的 Justin Howard-Sneyd MW）安排我們在倫敦的 67 Pall Mall 俱樂部的會議。我選了 8 款葡萄酒一起嘗，目的在表現白酒中的浸皮過程不只是個所謂的自由派論點，而是現代葡萄酒世界中的一個重要課題，且當然也不僅只是個「餘興節目」。

我們兩人對葡萄酒的看法多半分歧，但更有趣的話語則是圍繞著「橘酒」這個術語。結果我這才知道，原來 Johnson 在來此之前並不清楚橘酒的定義。當他接受《華盛頓郵報》記者 Dave MacIntyre 採訪時，內容是關於自然酒這個棘手的話題。

Hugh Johnson 凝視一杯 Gravner 的 Ribolla Gialla 2007

Johnson 當下立即反攻，下手完全不留情，並將橘酒拖入戰火之中，儘管原因並非在於橘酒經過浸皮過程的緣故。Johnson 非常熟悉 Joško Gravner 的葡萄酒，而 Gravner 的 Ribolla Gialla 2007 則是這次品酒會議的亮點。我們友善地結束會議，而 Johnson 似乎也很高興能夠深入了解浸皮白酒這個類別。

在嚴肅的葡萄酒作家覺得自己必須對橘酒表現出非黑即白的態度的同時，流行性的媒體和部落客則沒有這樣的束縛。2015 年左右開始，全球各地的線上或平面媒體都開始爭相報導越來越多的時尚酒吧中出現的新葡萄酒潮流，其中不少是相當膚淺或斷章取義的，但在《Vogue》2015 年夏季特輯中出現了一篇〈別再管白酒、紅酒、粉紅酒了，今年秋天，你該喝橘酒！〉文中提到 7 款優異的葡萄酒，並引用備受尊崇的 Pascaline Lepeltier MS 的話。時代確實改變了！

不僅酒評家在 2000 年代開始發現橘酒。隨著斯洛維尼亞益發成為一個旅遊勝地，加上廉價航空公司開始直航到盧比安納，越來越多的歐洲葡萄酒和美食愛好者得以探訪當地的工匠葡萄酒莊，並因此愛上經過浸皮的 Rebula 或 Malvasia。《Rough Guide》旅遊指南中便在 2014 年跟上潮流，並發表了一篇關於葛利許卡—巴達橘酒傳統的文章。不過在他們最新版本的指南中則沒有特別提及此內容。令人驚訝的是，對於推廣浸皮葡萄酒最不熱衷的反倒是斯洛維尼亞本身。因為境內大多數葡萄酒愛好者都不喜歡這個被他們視為過時、樸質的葡萄酒風格，不屬於現代歐洲人應該喝的葡萄酒。幾乎所有斯洛維尼亞的浸皮葡萄酒生產者都感嘆斯洛維尼亞市場對他們來說幾乎無足輕重。或許在 1991 年才逃離共產主義束縛的斯洛維尼亞，人們仍然偏好現代創新，而對橘酒傳統中隱含「回歸根源」這點不感興趣。

與其義大利和奧地利鄰居不同的是，斯洛維尼亞並沒有推廣葡萄酒和酒農的專門組織，所以這項工作由斯洛維尼亞旅遊局所掌管。雖然旅遊局越來越清楚當地工匠酒農對國外的自然酒和橘酒粉絲的吸引力，但仍然不願直接用「浸皮」等字眼來描述，而是以「Primorska 的強勁、干型的葡萄酒」（這絕對是「浸皮」的同義詞），並沒有提及「橘酒」兩字。

不同於多數斯洛維尼亞人對其傳統葡萄酒風格漠不關心的態度，有一群頂級餐廳則熱衷於推廣境內最優異的工匠酒農。著名的 Hiša Franko（其女主廚 Ana Roš 於 2017 年得到全球最佳女主廚頭銜[71]）以及 Hiša Denk 等擁有許多該國最好的浸皮葡萄酒，也展示出這些酒款在口感複雜的食物搭配中有多麼精彩。此外還必須提到 Boris 與 Miriam Novak 兩人，他們是相當受歡迎的橘酒節背後的一股推動力量。一年舉辦兩次的橘酒節一次在伊佐拉（Izola，即斯洛維尼亞的伊斯特里亞），一次在維也納舉辦。來自斯洛維尼亞和周邊國家的六十位名釀酒師通常都會參與此盛會。

到了 21 世紀，寇里歐、巴達和喬治亞的生產者開始發掘出他們意想不到的市場。日本人似乎完全適應了許多浸皮白酒中帶有的鮮味，亞洲市場在橘酒的發展上是出乎預期的。相較於西式餐點，日本料理中包含更多的苦味和鮮味，這證明是橘酒的完美搭檔。北歐國家（特別是丹麥、瑞典和挪威）強大的自然酒產業，於 2000 年代中後期興起。在一個案例中，丹麥進口商甚至要求他的簽約酒莊開始生產橘酒以便滿足他客戶的需求。位於奧地利多瑙河 Kamptal 地區的年輕釀酒師 Martin Arndorfer 和妻子 Anna 對實驗釀造橘酒持開放態度，但如果不是因為有來自客戶的這種要求，他們可能不會那麼快創造出整系列經過浸皮的白酒。橘酒不僅有市場，而且這個市場還相當口渴！

不只是丹麥吵著要更多的橘酒，年輕的千禧世代也開始發掘出這個令人興奮甚至有點叛逆的葡萄酒風格。橘酒開始出現在全球新的自然酒吧和餐館的酒單上。葡萄酒市場較為成熟的幾個地點，如紐約的 Racines 和 The Four Horsemen，倫敦的 Terroirs、The Remedy 或 Sager + Wilde 則不需要經過橘酒轉換期。對這些年輕的企業家、葡萄酒愛好者和侍酒師而言，白酒是琥珀色或橘色並不是問題，在很大的程度上，他們所服務的客戶也不覺得這有什麼問題。

---

71 該獎項是由 William Reed Media 所發起「全球 50 家最佳餐廳」的獎項。許多評論認為，單獨授予女性的獎項已經過時，甚至是侮辱性的，儘管如此，它還是極負盛名。

對橘酒的誤解

「橘酒就是氧化的白酒」

許多葡萄酒專家只消一看葡萄酒的顏色就宣告說這浸皮葡萄酒已氧化；這點令人相當驚訝。即便我們很難忽視視覺線索，但任何不是以先入為主的態度，而是真正用品嘗的方式來評論一款酒的人都會了解，來自寇里歐、巴達或喬治亞的優異橘酒都帶著能均衡其複雜度的活潑酸度。

法國、希臘或葡萄牙等國家的某些生產者之所以製造橘酒，目的在於釀製具有氧化風格的酒款。但這卻並非那些擁有悠久浸皮白酒釀製歷史國家想達到的目標。

「橘酒等於自然酒」

「橘酒」一詞僅描述了一種釀酒技術，「自然酒」一詞則包含更廣泛的釀酒哲學。儘管大多數橘酒生產者恰好都屬於「自然酒」類別，但並不代表全部都是。一些主流的酒廠會使用一般的釀酒方式（採用選擇性的酵母、溫控、澄清和過濾）並嘗試使用浸皮。這些是否能被歸類於真正的橘酒則是個人的抉擇。

「橘酒都在陶瓶中釀造」

有些是，有些則否。橘酒可以用各種容器釀製：不鏽鋼桶、木桶、大型橡木桶、水泥槽、塑膠桶或陶土容器。

「橘酒無法表現產區風土」

痛恨橘酒的人喜歡這麼說：浸皮白酒將葡萄品種特色與產區風土給抹殺殆盡。既然橘酒跟紅酒的釀造技術相同，那麼這些人是否認為紅酒也是如此？

「橘酒嘗起來都一樣」

這就像是說「所有嘻哈音樂聽起來都一樣」、「所有寶萊塢電影都有相同的情節」或「所有的葡萄酒味道都一樣」。所有風格和子流派在它們的深度和不同點變得清晰之前，都需要人們花點時間細細探索。

橘酒的挑戰與缺陷

不喜歡橘酒的人會說所有的橘酒都是有缺陷、氧化和具揮發酸。雖然這是無稽之談，但這種不經人工干涉的釀酒方式確實存有挑戰，因此並非所有的葡萄酒都是毫無缺陷的。

揮發性酸度

釀製橘酒的最大挑戰之一，是避免過多的揮發性酸度。揮發酸（基本上是醋酸）會產生醋或去光水的味道。這是當葡萄酒皮上升到發酵桶的頂部而變得乾燥並暴露於氧氣時可能發生的風險。定期以下壓方式處理或採用其他方式以避免這種情況發生是至關重要的。

雖然這麼說，然而一定程度的揮發酸可以提升葡萄酒的風味；但一切都在於整體平衡。黎巴嫩經典酒莊 Chateau Musar 的老年份酒款便以相對較高的揮發酸著稱，Radikon 的葡萄酒也是如此。酒中的揮發酸能為酒款帶來新鮮度並使葡萄酒口感更令人感到興奮，一旦掌握正確的比例，便能創造奇蹟。

酒香酵母

在使用天然酵母的發酵過程中，可能會不經意地包括一種「流氓」酵母。若使用實驗室酵母來發酵，則不太可能會有這類壞酵母的存在，因為實驗室酵母較為強壯，也較可預測，它們能比天然酵母更快地完成發酵，並將其他的壞東西屏除在外。

由於大多數橘酒都是自發性發酵，酒香酵母（brettanomyces）可能會造成問題。這類酵母也可能存在於橡木桶的毛孔深處，因此一旦木桶感染酒香酵母，基本上只能扔掉。

當酒香酵母少量時，會呈現出丁香或 OK 繃的氣味。含量較高時，則會出現農場或牛糞的味道，並且會破壞或掩蓋葡萄酒中任何水果的氣息。

鼠味

鼠味經常與酒香酵母混為一談，且人們對其知之甚少。鼠味其實是個不同於酒香酵母的缺陷，是在乳酸菌細菌存在時發展出來，但最終可能會與酒香酵母（又名 dekkera）一起進入葡萄酒，因此使人難以區分兩者。

鼠味在酸鹼值很高（通常意味著酸度低），並有足夠的溫度和氧氣的葡萄酒中很容易出現。但僅需一點點二氧化硫便能將之消除，所以鼠味往往只會出現在沒有添加二氧化硫的葡萄酒中。

在葡萄酒的標準酸鹼值下，鼠味是不具揮發性的，因此聞不到。若有人說葡萄酒「聞起來有鼠味」時，他們通常聞到的是酒香酵母，無論他們是否知情。當品嘗或喝到具鼠味的葡萄酒時，酒液與品嘗者的唾液混合，提高了酸鹼值，進而釋放出此缺陷所具有的噁心「狗呼吸」或「硬掉的爆米花」味道。尤其在喝下葡萄酒後大約 10~20 秒，通常便能在口中感受到鼠味。這常會令人感到震驚，特別是在許多葡萄酒都是在快速而連續的品嘗狀態下，因此罪魁禍首可能並不容易辨認出來。

此外，人們對鼠味的敏感度差異很大，估計約有 30% 的釀酒師即使在酒中擁有高程度的鼠味時也無法將之辨識出來。

另外值得注意的是，上述所有的缺陷都不是橘酒獨有的，但以最少人工干預、少量或不加二氧化硫的葡萄酒中確實更常見。

11

這不是白酒！

橘酒面對的挑戰不僅在於必須努力得到葡萄酒界守舊派的接受，另一方面還在於其身分認同危機。這類深色酒款不但要面對在零售業和餐廳裡被認爲與傳統白酒沒有分別，「橘酒」此一術語也被常誤以爲在某種程度上是自然酒的同義詞。到底爲什麼兩者經常被混爲一談呢？

正確說來，「自然酒」指的是一種葡萄酒運動或哲學。當然，自然酒生產者同樣會生產紅、白、粉紅、橘酒和氣泡酒。但在本書作者看來，「橘酒」一詞意指用白葡萄品種連皮一起發酵的葡萄酒。雖然此葡萄酒風格源於傳統，而主要支持者都能被廣泛地融入自然酒的範疇中，但仍有許多例外使得此風格無法單純的歸類。實際上，橘酒此類別確實與自然酒有所重疊，卻不能完全劃入自然酒的範疇內。

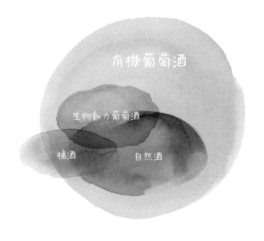

有機葡萄酒

生物動力葡萄酒

橘酒　　　　　自然酒

Tony Milanowski 將這樣的困惑銘記於心。他外表粗獷，在葡萄酒界經驗豐富，帶著澳洲人直來直往的態度。在歷經 Hardys（澳洲）和 Farnese（義大利）的釀酒生涯後，如今他在英國索塞西克斯郡（Sussex）的 Plumpton 學院擔任葡萄酒學院的課程專案經理與講師。要 Milanowski 成為橘酒的推廣者應該不太可能，但他卻是少數了解釀酒技術和意識形態兩者之間界限的人。他拜訪過弗留利的 Saša Radikon，目的在於了解更多該家族的釀酒方法。之後參加了 2013 年 Raw Wine 倫敦酒展的橘酒大師課程，但讓他感到不太滿意。「我不滿的原因在於我覺得他們僅僅提倡浸皮過程的單一方式（超自然、低干預）。但 Raw 版本並非唯一，這就是為什麼我決定讓學生親手做做看。」

為了實現他的承諾，Milanowski 將浸皮發酵法加入教學大綱中，並且主導學院釀造兩個年份的橘酒（2015 年和 2016 年）。他以實驗室酵母、溫控設備和無菌過濾，釀造出風格純淨而現代的橘酒 [72]。即便風味並不鮮明，但結果令人感到驚奇，因為這證明了延伸的浸皮過程確實只是一種釀酒技術，而且若以這種相當科學的方法來做處理，將失去它的浪漫色彩與活力。

釀酒師 Josh Donaghay-Spire 是 Milanowski 的學生，目前在英國最大也最成功的葡萄酒廠之一 Chapel Down 工作。因著在學院中釀造浸皮橘酒的經驗，他釀造出 Chapel Down Orange Bacchus 2014，成為英國第一款商業化量產的橘酒。同樣的，這款 Orange Bacchus 證明，一旦將延長浸皮的技巧與更多的人工干涉相結合，便很難察覺出酒款在發酵期間曾經浸過皮。在釀造期間，Donaghay-Spire 發現經過 10 天的浸皮後，葡萄酒口感變得相當澀，這讓他頗為擔心，因此決定僅用浸皮過後的自流葡萄汁 [73]，之後並在橡木桶中陳年九個月。裝瓶之前先

---

72 這所學院已經設置了一些喬治亞陶罐，而且從 2018 年開始，還將嘗試一種更「自然」的釀酒工藝。

73 無需經過壓榨就可以從破皮機或發酵槽中自由排出的葡萄汁。

以膨潤土澄清並過濾 [74]。這樣的酒款相當平易近人，但對任何喜歡奧斯拉維亞優異的浸皮 Ribolla Gialla 酒款，或者卡爾索奇妙而優雅的浸皮 Vitovska 葡萄酒來說，Orange Bacchus 還是少了些橘酒有實力表達出的那種享樂風格。儘管如此，Chapel Down 的 2015 和 2016 年的 Orange Bacchus 都加入了壓榨葡萄汁，並擁有較長時間的浸皮過程（分別為 15 天和 21 天）。Donaghay-Spire 也指出，釀製了第一個年份之後至少給他更多信心勇於挑戰釀酒極限。

橘酒哪裡買？

在超級市場很難見到小量生產、來自工匠葡萄酒生產者的酒款，而橘酒 99% 來自兩者。因此若可能，最好將你賺來的辛苦錢花在原產地的酒莊。

獨立的葡萄酒商是買橘酒的首選，尤其是那些專門銷售自然、有機和生物動力葡萄酒的酒專。和他們成為朋友，多多光顧，並詢問他們是否會舉辦品酒會，如此一來便能先品嘗再購買。

在全球許多地方（不包括美國或酒精公賣的國家）的小型葡萄酒進口商或經銷商，通常願意並能直接銷售給消費者。如果你有喜歡的葡萄酒，通常不難發現進口商是誰。如果不確定，可以直接詢問酒莊，然後聯繫進口商，了解是否可以向他們購買。

自然酒吧和餐館也經常提供葡萄酒外賣服務。如果想將酒買回家，通常價格為酒單上的標價再加上一些折扣。此外越來越多人採用 enoteca（餐酒館）模式，你可以在那裡喝一杯，然後用從酒館裡的商店購買你要的酒；這是最理想的方式。

對本書中提到的許多稀有葡萄酒和生產者來說，線上購買是一種可行的選擇，不妨使用搜尋引擎、wine-searcher.com 或 vivino 等專業網站查找供應商。如果你住在歐盟內，國與國之間的葡萄酒運費通常不會太高。

---

[74] 這兩個過程都是生產大批量主流葡萄酒的常見作法，但是很少被義大利、斯洛維尼亞或喬治亞的傳統橘酒生產者使用。

Batič 的葡萄酒

有很多酒評家認爲，像 Milanowski 和 Donaghay-Spire 這樣的人的努力能爲橘酒提供一個切入點。但反對者則認爲，橘酒的概念是屬於自然、傳統的，在釀酒過程僅經過最少量的人工干預過程。而且，也許（眞的是也許）一般人其實不需要我們將橘酒概念予以簡化才足以理解它。

2015 年，英國超市 Marks and Spencer 首次推出未經過濾的喬治亞陶罐葡萄酒 [75]，並表示這款酒的銷售量「相當好」，如今還能繼續在架上看到。2017 年 12 月，Aldi 超市（即奧地利的 Hofer）在奧地利當地銷售少量的 Sauvignon Blanc「橘酒」[76]，但收銀員在結帳時都懷疑地看著酒瓶中混濁而帶紅褐橘色的酒液。這些酒款的成功關鍵，可能就在它們的不尋常（至少對超市的一般客戶群來說），不會有哪個倒楣的顧客會在 Hofer 買下 Orange Sauvignon Blanc 並將之誤認為是傳統的白酒。因為「橘酒」一詞大剌剌地印在色彩明亮的酒標上。此外，該款酒的價格為 9.99 歐元，也是 Hofer 超市中最昂貴的酒款之一。

可惜，目前多數零售業和餐飲業都仍缺乏對橘酒的明確標示。隨著提供自然酒的頂級餐廳數量大幅增長，從巴黎、倫敦到紐約與許多地方都能在酒單上見到「橘酒」的蹤跡，但如今的挑戰在於這些酒款並非總是如此歸類。2004 年開始，業者能以「橘酒」來便利地稱呼這些葡萄酒，不過，舊習難改，真正會在酒單上分別出白、紅、粉紅酒與橘酒的業者仍是少數。

Saša Radikon 一直堅持這類葡萄酒需要有單獨的類別。「橘酒這個名稱或許並非完美，」他說：「但重要的是藉此能將這些葡萄酒放在各自的類別。如果有人從酒單中的白酒部分訂購了我們酒莊的葡萄酒，當他們看到酒的顏色那麼奇怪，可能會感到驚訝甚至失望。」但反對者則認為，橘酒的市場是如此小眾，這些葡萄酒必須透過知識淵博的侍酒師或葡萄酒商的細心解釋才容易銷售，而不太可能被消費者意外購買。

75　該酒是 Tbilvino 的陶罐 Rkatsiteli，以 M&S 自有品牌做裝瓶。酒廠確認瓶中的酒與他們的 Tbilvino 品牌版本相同。

76　由 Burgenland 的 Weingut Waldherr 所釀製。

但兩方的論點卻都忽略了此問題的真正癥結點：各國管理葡萄酒產區命名的政府機構往往極其落後。我們可能會覺得，既然義大利可稱作是現代橘酒的出生地，那麼其葡萄酒分級制度中，應該會給生產者釀造浸皮酒款的選擇權。然而事實是，境內各 DOC 和 DOCG[77] 產區都將浸皮白酒列為拒絕往來戶，唯一合法的方式是將他們的橘酒標示為最基本的 Vino Bianco（餐桌白酒）。這樣的名稱對於像 La Biancara 的 Pico 或 Vodopivec 的 Solo（這兩款酒的顏色都相對較淡）這類淡色的葡萄酒來說，算是可行的，但對 Radikon 或 Prinčič 帶著深紅褐色的 Ribolla Gialla 或 La Stoppa 發光的古銅色 Ageno 酒款來說便顯得荒謬。

酒色深且混濁與葡萄酒分級制度內高等級的葡萄酒通常是相互抵觸的，這也意味著絕大多數的橘酒必須標示為等級最低的葡萄酒。但在 Stanko Radikon 和 Damijan Podversic 的多次請求後，寇里歐葡萄酒公會終於修正法規，自 2005 年份開始允許浸皮葡萄酒以 DOC Collio 名稱做標示，並在修正過的葡萄酒法規中微妙地加上一句話：「葡萄酒必須帶著優雅的稻草黃色。」但在酒標上仍然沒有合法的方式能顯示出葡萄酒是經過延長的浸皮過程所釀成的。

總之，到了 2005 年，奧斯拉維亞的許多頂級生產者都對葡萄酒公會失去耐心。如今，Gravner、Radikon[78] 和 Prinčič 都降級使用涵蓋範圍更廣、理論上聲望較低的 Venezia Giuli IGT 等級來做標示，因為此一等級分類不會因葡萄酒過度鮮明的特色而使生產者遭到懲罰。

自 2017 年份以來，這個選項變得更加棘手，因為弗留利的葡萄酒有了一個名為

---

77 Denominazione di Origine Controllata 和 Denominazione di Origine Controllata e Garantita 是義大利兩個最高的葡萄酒類別，通常用於限定區域內特定風格的葡萄酒。

78 一般通常認為 Radikon 的葡萄酒是因其顏色而不得使用 Colio DOC 的名稱，但也有人提出，它們相對較高的揮發酸是另一個問題。Consorzio Collio 聲稱，他們僅是執行歐盟對揮發性酸度的限制，即 18 mEq/L。

Della Venezie DOC 的新等級。此一等級允許義大利東北部幾乎任何地方生產的 Pinot Grigio[79] 升級到 DOC，卻也同時去除了在此區使用較低的 IGT Pinot Grigio 等級的可能性。但 Radikon 的 Pinot Grigio 並不具備升級 DOC 的資格，現在則加上頗為奇幻的「Sivi」[80] 一字於其餐酒（Vino Bianco）酒標上。對此，Saša Radikon 即便是冷靜對待但仍不免感到沮喪，畢竟這不過意味著義大利商會和葡萄酒公會必須在他們早已比山高的審核文件中增添更多的文書處理時間罷了。除了會想知道為什麼他們最喜歡的葡萄酒突然改名這點之外，這一切對最終消費者來說，幾乎沒有任何好處。

斯洛維尼亞的酒標法也好不到哪裡去。在此，葡萄酒必須歸類為白、紅或粉紅。儘管釀造浸皮白酒的生產者越來越多，法規中卻沒有橘色或琥珀色可供選擇。喬治亞農業部最近推出陶罐葡萄酒的官方酒標法，但並沒有強制執行浸皮過程，因此理論上是可以釀製不經浸皮過程的白酒。不過藉著陶罐符號，產自卡赫季[81] 的 Rkatsiteli、Mtsvane 或 Kisiwith，依舊可因此使消費者對瓶內的琥珀色葡萄酒有所預期。

在本書付梓之前，全球僅有安大略和南非兩個地方有橘酒的官方酒標法，兩者都是不久前才推出的。這也證明了，至少還有一些管理葡萄酒分級的機構在傾聽成員的心聲並做出相關的回應。對於像是 Testalonga 酒莊的 Craig Hawkins 和 Jurgen Gouws 的 Intellego 酒款等許多新風格的葡萄酒，南非葡萄酒與烈酒委員會（WSB）感到不知所措，因此在 2010~2015 年間拒絕許多白酒的出口許可證，

79　Delle Venezie DOC 法令中還包括其他許多葡萄品種，但絕大多數都集中在 Pinot Grigio，此品種是唯內多與弗留利僅次於 Prosecco 的最大搖錢樹。

80　Sivi Pinot 是 Pinot Grigio 的斯洛維尼亞文名稱。因為餐酒等級的酒款不能在酒標上註明葡萄品種、產區或年份。

81　喬治亞的其他產區，尤其是西部地區，傳統上浸皮時間比卡赫季要短。

原因在於他們的酒液混濁、明顯經過浸皮或是經完全乳酸發酵所釀製而成的。Hawkins 的 2011 年 Cortez 是個很好的例子，當時許多歐洲進口商早已經預先訂購了這款葡萄酒，但這些酒卻不允許從南非出口。

Hawkins 與史瓦特蘭（Swartland）其他的另類釀酒師（Gouws、Eben Sadie、Chris 和 Andrea Mullineux、Callie Louw、Adi Badenhorst）合作，他們對 WSB 共同提出一些新的葡萄酒分類，其中包括經浸皮發酵的白酒、祖傳法（methode ancestrale），與另類的白／紅酒，也就是一種自然酒，僅添加非常少量的二氧化硫並允許完成乳酸發酵。

2015 年末，WSB 提出連皮發酵白酒的定義：

1. 酒液需連皮發酵並經過浸皮過程至少 96 小時（即 4 天）。
2. 酒液應完成乳酸發酵。
3. 酒液中的二氧化硫含量不得超過 40 毫克／公升。
4. 酒液的殘糖含量不得超過 4 克／公升。
5. 酒液的顏色應為淺金色至深橘色。

安大略或許還沒有辦法與布根地或納帕谷相提並論，但其葡萄酒監管會卻相對開放而有效率。該區還至少有六家橘酒生產者，Southbrook Vineyards 是其中之一。首席釀酒師 Ann Sperling 向安大略的 VQA（葡萄酒商品質委員會）請願，要求將她「連皮發酵的 Vidal 酒款」放入分級中。2017 年 7 月 1 日，VQA 通過新法規，新增了「連皮發酵的白酒」的新類別，其定義如下：

▶ 多半為靜態葡萄酒，口感通常為干至半干型。由白葡萄酒或粉紅葡萄品種釀製，需與葡萄皮接觸發酵至少 10 天。經過浸皮發酵而使葡萄酒具有更多的單寧和草本香氣，具有些許的水果香味和類似茶的特色。這些葡萄酒在酒標上會以「連皮發酵白酒」（Skin Fermented White）做標示。

讓我們稍微看一下一些關於酒標的細項法規，藉此了解葡萄酒分級和監管領域迂腐的一面：

▶ Skin Fermented White 一詞在酒標上的大小尺寸必須至少與前酒標上的品種名稱大小一致，最小的字母不得小於 2 公釐。

▶ 在葡萄品種名稱與 Skin Fermented White 之間不得添加任何內容。

▶ 如果前酒標上沒有標示葡萄品種，那麼 Skin Fermented White 術語的最小字母不得小於 3.2 公釐。

▶ 酒標上要標示 Amber Wine、Orange Wine 或 Vin Orange 等術語可由生產者自行決定。

儘管如此，這兩個分類對於相關的生產者來說至關重要，同時也爲那些想知道他們買了什麼的葡萄酒愛好者提供更好的透明度。即便目前仍未大張旗鼓地宣傳，但我們可以說這些分類代表了一個轉折點：橘酒是一個明確的類別，具有清楚的定義和市場。

那麼橘酒未來該何去何從？橘酒如今在全球每個葡萄酒生產國都能找到，即使有些僅是實驗性的。我們很難估計 2017 年釀造至少一款商業橘酒的生產者總數，但相信應該會破千。大多數的酒款都是少量生產而價格高昂。橘酒注定不可能以低利潤成爲超市貨架上的主流商品，但它正在緩慢而肯定地與其他小衆產品，像是雪利酒、英國氣泡酒或 Etna Rosso（西西里紅酒）一起占據市場。當然，理想的狀況是不該認爲橘酒是一種小衆葡萄酒類別，而是葡萄酒的第四種顏色。橘酒中的色澤、香氣和口感可以像紅酒、白酒或粉紅葡萄酒一樣廣泛，而且它們在餐桌上的多功能性是絕無僅有的。

這樣的古老延長浸皮技術，讓全球許多釀酒師成爲支持者，也因此我們注意到兩個明確的派別：某些釀酒師抱持著玩票的心態來釀橘酒，另外的那些則是眞正相信此風格的人。前者包括許多規模較大、更主流的葡萄酒廠，他們開始實驗橘酒

釀製的可能性,釀酒師開始有機會嘗試橘酒技術。結果各不相同,但通常是一次性或微型釀造,而無法商業化。Domäne Wachau 是奧地利、也是該區最大的生產商之一,過去幾年已經生產出一款經過浸皮的優異 Riesling,只不過其數量如此之小,且風格與酒莊其他產品截然不同,因此甚至沒有供貨給他們的經銷商,但到酒莊拜訪的遊客可以購買這些每年產量僅有 1,500 瓶左右的酒款。

但也有一些真正的皈依者,而他們多半是來自「自然派」。這些人通常是酒農,他們意識到使用葡萄皮來發酵白酒,能使他們在沒有使用其他添加劑如二氧化硫的情況下獲得更大的自由度。像是紐西蘭 The Hermit Ram 酒莊的 Theo Coles,以及前面提到的 Craig Hawkins 或位於帕索羅布列斯(Paso Robles)的 AmByth 酒莊的 Philip Hart,他們都大量使用浸皮過程釀製多數酒款。原因在於這樣的方式能使葡萄酒表現出豐富的質地、風味,並能表達出葡萄園的特性。像這樣的釀酒師正從寇里歐、巴達或喬治亞的古老傳統中接下接力棒並抓著向前跑。

由於人們(尤其是年輕和新興的酒迷)對自然酒的興趣和消費持續增長,橘酒似乎趁勢搭上了便車。無疑地,關於橘酒應該如何分類以及其名稱的爭論,可能會跟葡萄酒是否對人有益這個問題的討論一樣一直持續下去。而對於那些只喝波爾多列級酒的人以及那些態度模稜兩可的人(這些人會說:這酒蠻有趣的,但我不認為我可以喝上第二杯),會繼續對此風格進行強烈批判也不令人驚訝。

在此同時,那些擠爆自然酒吧和酒展的熱情粉絲則逐漸淹沒了反對者的聲浪。對那些沒有來自上一代的包袱或者過多的葡萄酒知識的人來說,橘酒對他們而言只是另一種新發現的葡萄酒類型,而不是需要感到恐懼或有必要嘲笑的東西。這與 1990 年代末期的情況相去甚遠,當時 Joško Gravner 和 Stanko Radikon 被認為是瘋子而非先鋒。

那麼 Gravner 對於浸皮白酒如今如此受到歡迎是否感到驚訝?「是的,因為一開始每個人都相當反對它!」儘管如此,革命的本質便是迫使每個人走出既定的舒適圈之外。這個琥珀色的革命挑戰了生產者、飲酒者、立法者和零售業者,但它

也確確實實地讓葡萄酒的範圍變得更加廣泛。橘酒不僅會在歷史書中留名青史，更會因著被我們飢渴地享用而更增添光彩。

在斯洛維尼亞 Medana 的 The Klinec Inn 外的一個標示

侍酒與酒食搭配

橘酒的風格位於紅、白酒之間，其活潑的酸度和果味常讓人聯想到白酒，但在質地與架構上又更接近紅酒。這使得它們在酒食搭配上具有無比的多樣化，如果你願意，甚至可以整頓飯都僅飲用橘酒。

橘酒的理想侍酒溫度多半取決於其特定風格。從風格較輕盈與較軟的質地，到口感較重和多單寧的酒款。對於前者，可以冷藏至 10~12°C，但若口感過於封閉，可以等溫度稍微升高一些再享用。對於口感較重且具架構的酒款，14~16°C 是使風味變得奔放的溫度。如果侍酒溫度太低，單寧的尖刺感會變得明顯。

倒入醒酒器或小酒瓶是個好方法，因為這可以使酒液快速接觸空氣，使它們在杯中迅速展現風味。許多生產者還建議在開瓶之前先搖動或翻轉酒瓶，使瓶中的沉澱物或酒渣均勻地混合。但這是個人品味的問題，如果你不喜歡酒液太混濁，可以讓瓶子先直立幾個小時再上桌。

個人品味同樣也適用於酒杯。用於 Pinot Noir 的經典寬身酒杯通常也適用於複雜度佳的橘酒。弗留利和斯洛維尼亞的幾位釀酒師，像 Gravner 和 Movia，還為自己的葡萄酒設計專用酒杯。

以下有一些酒食搭配建議。假如你覺得不太確定的話，就在晚餐時打開你最喜歡的那瓶酒並盡情享受！有時在沒有專家建議的情況下，偶然的發現更可能是宛如天堂般的組合。

各種喬治亞乳酪與 khachapuri 乳酪餡餅

▶ 生蠔或海膽

由於食材所帶的鹹味、礦物性的鮮味，兩者可與口感或輕或重的橘酒搭配。Nino Barraco 的 Catarratto 和 Elisabetta Foradori 的 Nosiola 或 Sato 的任一款酒都能創造奇蹟。

▶ 火腿拼盤或熟肉抹醬（Rillette）

有什麼開胃酒能比氣泡橘酒更好？Croci's De Campedello 或 Tomac 的 Amphora Brut 擁有酸度和緊實度，非常適合在美味的薩拉米香腸或 Pršut 火腿之間用來讓味蕾變得清新。

▶ 帶著草本香料如孜然、青檸檬葉或香蘭等的香辣印度料理、泰國菜或印尼菜

以 Gewürztraminer 或 Muscat 等芳香型品種釀造的橘酒，非常適合搭配辛辣菜餚，尤其當酒中還帶著輕微的甜味（亦即酒中含有幾克沒有完全發酵掉的殘糖）。酒中的甜味和香氣可以調和口中的辛香料，確保葡萄酒不被掩蓋住。

▶ 豐富乳酪白醬佐義式麵疙瘩（Gnocchi）或義大利麵

可嘗試以來自托斯卡尼或艾米里亞─羅馬涅兩區口感較重的橘酒做搭配，如 La Stoppa 的 Ageno、Vino del Poggio 的 Bianco 或 La Colombaia 的 Bianco。

▶ 茄汁義式麵疙瘩、義大利麵或瑪格麗特披薩

Dario Prinčič 的葡萄酒具有豐富的新鮮酸度和紅色果味，與茄汁醬料搭配起來宛如天作之合。Craig Hawkins 的 Mangaliza Part 2 也行，尤其是經過陳年的酒款。

▶ 豬肉和蛤蜊，或以較肥豬肉製成的砂鍋或燉菜

沒有什麼能比以 Radikon 的 Jakot 酒款具有的尖銳酸度來搭配多脂肪的豬肉料理更好的選擇。Tom Shobrook 的 Giallo 或 Intellego 的 Elementis 也值得推薦。

▶ 用甜菜根或紅蘿蔔製成的半甜型甜點

Esencia Rural 的 Sol a Sol Airen 在某些年份中含有大量殘糖，可試著與甜點做搭配，你會驚訝於兩者竟如此搭。感謝阿姆斯特丹 Choux 餐廳的 Figo Onna 給予此一搭配靈感。

▶ 乳酪拼盤

幾乎任何橘酒都行。橘酒的架構宏大，而酒中的單寧能與 Comte、Remeker 或 Pecorino 這類濃郁、陳年硬式乳酪搭配得很好。至於柔軟、味道重或藍乳酪，則能與含有更多豐富果味與香氣的葡萄酒做搭配。像是 Il Tufiello 的 Fiano 或 Ambyth 的 Priscus 都非常適合。

後記

寫一本橘酒的書是一回事，釀製橘酒又是另一回事。在計劃和撰寫本書的過程中，我很幸運有兩次機會可以嘗試釀造橘酒。2016 年 7 月，迷人的葡萄牙釀酒師 Oscar Quevedo 無意間問我：「賽門，你知道如何製造橘酒嗎？」Oscar 可不傻，他知道我對這個題目有很多話要說。

那是個炎熱的 7 月天，我們坐在 Quevedo 酒莊的品酒室，這是斗羅（Douro）河谷 Cima Corgo 區的一個波特酒和葡萄酒的生產者。他的問題完全出乎我意料之外。「嗯，我想理論上我是知道的。卽便我從未釀過，但我去拜訪過，並與約莫一百位橘酒生產者討論過。」

時間快速往前推進一小時，在這段時間我就脫口而出自己所能想到的一切，主要提到 Radikon 或 Gravner 家族等名人的智慧語錄。Oscar 透露他打算嘗試製作一款橘酒，作爲該年度酒廠的全新嘗試。而我也提供了自己不是那麼可靠的顧問服務。

兩個月後，我回到 S. João da Pesqueira，以大約十天的時間與 Quevedo 的釀酒團隊合作，釀造出他們的第一款浸皮白酒，甚至可能是斗羅區的第一個[82]。酒莊的目標是生產 1,000 瓶，並沒有行銷計劃，主要是看看葡萄酒的釀造結果如何。

像我一樣的記者、作家和部落客，可能會認為自己對葡萄酒生產有所了解。我們對蘋果乳酸發酵或使用攪桶（battonage）做出聽起來很厲害的評論，以便在釀酒師面前讓自己感覺起來技術面知識豐富。但我們真的知道我們在說什麼嗎？其實不然。正如我發現的，釀造葡萄酒涉及一系列的決策、物流和各樣因素，這些從未進入大多數局外人的腦中，甚至我懷疑，或許連經驗老道的葡萄酒評論家也不會考慮到這些。

我們的第一個挑戰是：決定使用什麼品種來釀造這個調配酒款。我們希望這款斗羅「橘酒」能反應出該區的風土，因此決定與大多數傳統的斗羅葡萄酒一樣，這款酒應該是混合了此區原生品種的調配葡萄酒。幾經深思熟慮後，我們決定 Rabigato 的香氣可能可與 Viosinho（酸度佳）配合得很好。在尋找厚皮型品種時，我們選擇了 Síria（即 Codega，另有 Roupeiro 等其他名稱）。

第一個挑戰來了。Quevedo 酒莊大部分的白葡萄品種都是買來的，但 Rabigato 卻沒有如預期地送到酒莊。另外，Síria 來自兩名不同的果農，在同一天採收但風格非常不同（一個酸度佳，另一個則沒什麼酸度）。我們也有大量的 Viosinho（算在成熟邊緣但具有優秀的酸度），但沒有 Rabigato。Oscar 的解決方案是加入一些剛採收的 Gouveio。所以我們的調配酒款的品種比例迅速變為 50% 的 Síria、25% 的 Viosinho 和 25% 的 Gouveio。

我們的下一個決定為是否去梗。在快速嘗了 Síria 的葡萄梗後，我們清楚絕對要去梗。儘管葡萄果實口味很好，梗卻仍然很苦澀。我們找到一部小型去梗機，卻

---

[82]　我現在知道斗羅區的第一家橘酒酒莊是 Bago de Touriga 的 Gouvyas Branco 2010。

在 Quevedo 酒莊篩選葡萄

沒有辦法啓動其自動裝載功能。Quevedo 的大型去梗機過大而粗魯,而我們希望盡可能保留整串葡萄。(最後,我們還加入大約 10% 的 Gouveio 葡萄梗,因爲它們味道很棒。)

30 分鐘後,我們在一些木製貨架上安裝一部小型的便攜式去梗機,便開始將八大桶的葡萄放入去梗機。這是個繁瑣且耗時的任務,感謝 Mario 和他的同事(釀酒廠的助手)、學生們、Teresa 和 Ryan Opaz,在這艱困的五小時內不時加入幫忙。

Quevedo 的釀酒師 Teresa 想要在壓榨葡萄汁中添加一些二氧化硫。我對此並不太滿意。但她的理由是因爲葡萄是放在開放型的大桶中,在發酵開始之前它們將處於氧化的危險中。她同時指出所有的二氧化硫都會在發酵時消耗掉,因此說服了我。我們於是在每個桶中加入一小劑量(每 750 公斤的葡萄 500ml @ 6% 溶

液）。

終於，到了晚上 10 點左右，1,880 公斤的葡萄安置在兩個 1,000 公升的開放型不鏽鋼桶中，看起來就像一大鍋怪異的綠橄欖粥。此時，Oscar 準時帶著披薩到達。我在深夜完成下壓的儀式（對浸皮葡萄酒來說非常重要），我用的是一個美妙的木製工具，是 Teresa 從酒莊某個角落找到的，我相當肯定這絕對是個古董。

到了第二天酒液仍沒有發酵的跡象，所以 Oscar 和我跳進大桶中（我們的腳當然是精心清洗過的），以斗羅區的特色風格踩踏葡萄酒。不同的溫度區域和軟軟的葡萄踩在腳下，是個非常奇怪的感覺。但這樣的踩踏並沒有帶來任何效用，它們依舊頑固地拒絕開始發酵。儘管 Claudia Quevedo 和 Teresa 不斷保證，但我在接下來的六天裡一直擔心，最終的結果將是一桶氧化的葡萄酒。

我在斗羅區的最後 48 小時正在逼近，而酒槽中也沒有任何事情發生。那天晚上，Oscar 和我出去吃晚飯。當我們在午夜時分離開時，我抬頭看到一顆散發著柔光的大大滿月。「我敢肯定發酵應該會開始了！」果然，第二天早上我的兩個酒桶開始運作，葡萄皮被二氧化碳推到頂部，從內部散發出愉快的氣泡。我開心地每隔三個小時下壓一次，終於感覺自己有點用處了。

在酒莊的最後一個晚上，我理應花一個小時開車去拜訪另一位釀酒師朋友。但發酵的香氣肯定讓我昏了頭，因為我在離酒莊幾公里遠的地方撞壞了 Oscar 借我的車。沒有人受傷但是我幾乎把車給撞壞了，並在鄰居的牆上留下一道大大的凹痕。這當然不是結束這一週的最好方式，但至少我們有葡萄酒，而不是氧化了的葡萄汁。

葡萄酒之後的發展很大程度上都沒有我的存在，儘管有很多電子郵件和電話的來回。葡萄酒發酵得很好，酒中有 12% 的酒精、幾乎沒有殘糖，浸皮時間約 21 天。酒液具有高單寧，所以顯而易見的選擇是將葡萄酒放入使用過的橡木桶中一段時間。Quevedo 是一家繁忙的酒莊，並沒有任何備用木桶，所以他們購買了兩個以

前用來儲存 aguardiente 烈酒的二手 pipas 酒桶（即 600 公升波特酒桶）並仔細清洗。我們的葡萄酒花了將近一年的桶陳，最後在 2017 年 12 月裝瓶（含少量二氧化硫）。在我寫書的此時，它仍然感覺有點「青春期」，雖然口感已表現得很好。

第二年又有一個隨機的釀酒請求。我在阿姆斯特丹的葡萄酒進口商朋友 Marnix Rombaut，想知道我是否願意幫助他在荷蘭南部的一家小型有機認證酒廠製作橘酒。我當然非常願意。

Ron Langeveld 有幾公頃的葡萄園，如果不是世界獨有的話，在荷蘭也絕對是獨一無二的。他只種抗病雜交葡萄品種（即所謂的 PIWI），他不僅以有機種植，而且沒有使用任何銅或硫磺噴劑。在十年左右的時間裡，Ron 已經分離出那些能夠真正適應荷蘭氣候而不需要任何藥劑的品種。他所做的只是整枝，而他的葡萄園是我見過最美麗的。在他的園中，不會見到那些即使在噴灑硫磺後仍能在生物動力法葡萄園中見到的白色粉末葉面。

Ron 的葡萄或許是盡可能天然的，但他在 Dassemus 的釀酒廠則充滿現代高技術。使用選擇酵母、必要時進行加糖處理（chaptalisation）[83] 與過濾等等。但我們的任務是做完全相反的事：釀製一款不加糖、經自發性發酵，且沒有任何添加劑的葡萄酒。我們為實驗選擇一個 Souvignier Gris 的區塊。Souvignier Gris 是一種雜交品種，來自 Cabernet Sauvignon 和 Solaris（本身就是雜交種）。它擁有最美麗的玫瑰粉色葡萄皮，儘管表面上是白色品種，它具有絕佳的酸度，加上相當厚的葡萄皮。我們想，這品種應該是完美的。

因為此品種屬於晚熟型，所以我們將採收日定於 10 月 15 日。這一天有著絕佳的田園風光，一小群朋友和家人一起來採收葡萄。早上先採摘了第一塊 Souvignier

---

83 發酵過程中必須添加糖或葡萄汁以提高葡萄酒的潛在酒精含量，這在葡萄不容易達到最佳成熟度的歐洲北部許多地區是常見的用法，然而這個方式卻是自然酒釀酒師避而不用的。

Gris 的區塊，但我們遇到了障礙，分析結果顯示葡萄中的酒精含量僅爲 10.5%。Ron 並不高興，特別是因爲我們堅持不能加糖。但他想到一個解決方式，他有另一塊較老的 Souvignier Gris 區塊，當天也需要採收。果然，稍微成熟的葡萄藤具有更高的濃郁度，我們因此得以將潛在的酒精含量提高到 11%。

我們將葡萄破皮、去梗，並放在一個小金屬桶內。與我在葡萄牙的經歷不同，當 Ron 離開酒廠去吃晚餐時，桶中已幾乎開始冒泡。兩週後，它已經完成發酵。在 Ron 和 Marnix 開始變得坐立不安前，我們讓葡萄酒再經過三天的浸皮過程，之後將葡萄酒換桶陳年。

現在時間是 2018 年 3 月。我們的葡萄酒肯定仍處於青少年階段，還有點笨拙和脾氣暴躁，但充滿水果氣息和酸度，以及其他使葡萄酒有陳年實力的所有好東西。結果如何還需一些時間等待，我希望 Ron 可能會在某個地方發現一個空桶，因爲我覺得我們的粉橘色寶貝還需要一點時間。

現在說這些實驗中的任何一款酒是否可視爲成功還爲時過早，但兩者都是眞正的學習經驗。對我而言最重要的學習是，儘管葡萄栽培是一項全年運動，但釀酒過程每年只會發生一次，其中涉及各種必須在幾小時或幾天內做出的各項決策。錯誤的決定可能不至於產生醋，但所釀造出的葡萄酒可能會與預期有著天壤之別。

釀酒過程處處存在著風險。如果葡萄酒釀造的結果不好或顧客不喜歡它怎麼辦？會不會與去年風格差太多？至少我們的風險僅限於一兩桶。我很難想像如 Stanko Radikon 或 Joško Gravner 這類的酒農，他們在頭幾年肯定相當焦慮，他們想知道是否有人會再次購買他們的葡萄酒。我也很難想像如 Iago Bitarishvili 或 Ramaz Nikoladze 可能受到的各種質疑。如果他們只是像他們的鄰居那樣種種西瓜和馬鈴薯，那麼生活難道不會更容易嗎？也許 Branko Čotar 或 Joško Renčel 不時地想知道自己是否必須拋棄傳統而採用現代風格，否則或許可能很難把酒賣掉。

對所有這些一心一意，混合了頑固、愚蠢和眩目而清晰的願景的釀酒師：讓我敬你們一杯！

在 Dassemus 與 Ron Langeveld 一起採收

推薦的生産者

寇里歐／巴達邊境的日落一景

推薦的生產者

全世界釀造橘酒的生產者如今已達到四位數，儘管有些僅是實驗性的釀製。因此，以下列出的生產者並非完整的清單，而是我對公認的大師級釀酒師和明日新星的個人精選。

要能選入書中，我採用了以下的選擇標準：

▶ 已持續釀造橘酒（多個年份、品質穩定）。

▶ 致力於浸皮技術，或使用此手法來釀造所有白酒或至少有相當大的一部分酒款為橘酒。請注意，如果該釀酒廠僅釀造一款白酒，但它是浸皮白酒的奇蹟，那麼也會列入。

▶ 使用完整的傳統技術，意思是天然酵母／自發性發酵、發酵過程不經溫控、沒有澄清、不經過濾或僅有些微過濾以及用最少量的二氧化硫。（少部分的生產者並非僅以這種方式工作。在文本中我也註明了特定的例外。）

▶ 強烈偏好得到有機認證或生物動力法的葡萄種植法，但若未經認證的有機，或在葡萄園中不使用合成農藥、殺真菌劑或除草劑也是可以接受的。記住，橘酒需要連皮發酵！

▶ 我個人喜歡這些葡萄酒，並覺得它們在所屬產區有所成就。

▶ 我造訪過酒莊或與酒農談過話，或至少多次品嘗該酒莊的葡萄酒。

雖然我定下這些規則，但不可避免地需要破例。因為有些還在發展中的葡萄酒生產國釀造了令人著迷的橘酒，卻因才剛起步所以沒有過往的持續記錄。所以我列出一些值得關注的創新酒莊和新興酒農，而不是將它們排除。

由於本書將重點放在那些擁有最古老和最完整的浸皮白酒文化的國家，因此有大量的酒莊來自義大利、斯洛維尼亞和喬治亞。對此，我不表歉意，因為這些國家的釀酒師通常是最熟練和最有經驗的。在這些區域釀酒師對浸皮技巧宛如有著不言而喻的信心。

然而，雖然總共包括來自 20 個國家的生產者，但依舊忽略了許多重要的釀酒國家。對某些明顯缺席的國家，我也在以下做出討論。

越來越多塞爾維亞的自然酒釀酒師正在嘗試釀造橘酒，但在撰寫本書時，市面上仍買不到任何來自該國的橘酒，因此現在談論這些葡萄酒可能還為時過早。許多其他東歐國家也是同樣的情況。雖然在羅馬尼亞、匈牙利和摩爾多瓦，許多酒莊正在進行有趣的橘酒釀造實驗，但是相較於亞得里亞海的鄰居，這些國家的橘酒發展仍相當初步。

毫無疑問，希臘、土耳其和塞浦路斯的酒農在古時想必是用浸皮方式釀造白葡萄品種，但是這些傳統已經隨時代推移而遭淘汰。少數希臘生產者開始實驗性的釀製橘酒，我甚至已嘗到一款浸皮的 Retsina，當然這是為了滿足好奇心，但酒也確實很有趣。聖托里尼島（Santorini）的優質 Assyrtiko 葡萄很可能在橘酒釀造上擁有無窮的潛力。

中東（尤其是以色列和黎巴嫩）的葡萄酒釀造規模較小，但在風格上和紅葡萄品種的使用上都非常遵循法國模式。釀酒師 Jacob Oryah 釀造了一款以色列的橘酒。

理論上，如同亞美尼亞，這幾個中東國家都可以挑戰喬治亞「葡萄酒搖籃」的寶座，但沒有一個國家具有相同不間斷的橘酒釀造傳統。

南美洲擁有許多有趣且古老的釀酒方法，但如今，現代葡萄酒的釀造絕大多數都集中在大型酒莊和主流風格上。智利和秘魯兩國目前都至少生產了一款橘酒。這些國家都有古老的葡萄栽培傳統，在過去沒有壓榨機或去梗機的情況下，相信白葡萄品種不可避免地會與果皮或部分果梗 [84]，甚至與紅葡萄一起進行發酵。隨著越來越多的工匠酒農出現在世界各地，相信未來會見到更多來自不同品種的迷人浸皮葡萄酒。

亞洲的釀酒業目前也突飛猛進。如今中國已一躍成為世界第五大葡萄酒生產國（按產量計算）[85]。若說印度、中國或日本絕對沒有生產橘酒是相當愚蠢的，因為當這本書付梓上市後，這句話想必便會被推翻。不過，目前若要對亞洲的「橘酒」多做探索，那可得等到第二版上市時。

我的橘酒新發現會定期發佈在 www.themorningclaret.com 網站上。因此假如你最喜歡的橘酒釀酒師沒有列入本書，也請不要失望。

---

[84] 在智利，傳統上使用 zaranda 為葡萄去梗。這是一組安裝在框架上的木桿，它們之間有大得足以讓葡萄通過的孔。但不可避免地，一些果梗和所有的葡萄皮都會一起發酵。

[85] 根據聯合國糧農組織 2014 年的數據。

圖例

有機認證農耕法
（在酒標上不一定會有標示）

生物動力認證農耕法（認證機構為 Demeter 或其他同等的認證單位，例如：法國的
BiodyVin。在酒標上不一定會有標示）

在釀酒過程或裝瓶前沒有添加二氧化硫（但葡萄酒中可能會有在發酵過程自然產生的
二氧化硫，含量通常在 10~20 mg/L）

專家。代表此生產者的所有白酒均經過浸皮，並且是全球釀造此風格酒款中最重要的
代表之一。

澳洲

這個以現代釀酒技術掀起一場革命的國家，如今終於開始培育出新一代的葡萄酒農。他們熱衷於探
索使用最少人工干預的釀酒方式，並盡量遠離現代技術。隨之而來的是浸皮白酒的迅速發展。截至
目前為止，專精於橘酒釀造的專家很少，但是那些將新鮮度放首位並較早採收的生產者，在口感上
的成就對本書作者來說獲得極大的成功。

相較於大多數歐洲國家，澳洲的葡萄酒標法相對自由。因此理論上，橘酒可以列為是具有原產地聲
明的優質葡萄酒。話雖如此，但麻煩的是新南威爾斯州有個位於冷涼氣候的 Orange 產區，該區一直
在鼓吹反對人們使用「橘酒」一詞。Orange GI 協會 [86] 有時甚至威脅起訴該國其他地區在酒標籤上
使用此一術語的澳洲釀酒師，他們認為其他人應該使用「連皮發酵的白酒」或「琥珀色的酒」來標示。
他們說的不無道理。

86　「GI（產地標誌）」是用於界定澳洲葡萄酒產區的官方分級系統。

澳洲／巴羅沙

Shobbrook Wines

特立獨行的 Tom Shobbrook 在經過六年的托斯卡尼工作經驗後，自 2007 年回到巴羅沙（Barossa）釀酒，震撼了澳洲葡萄酒界。他使用蛋型陶瓷酒槽來釀造白酒，其中許多是以延長的浸皮過程製成。Giallo（以 Muscat、Riesling 與 Semillon 釀成的調配酒款）和 Sammlon（僅用 Semillon）是兩款美味無比的葡萄酒。這類酒款使人們對澳洲只釀口感濃重而宏大的葡萄酒大爲改觀。

地址：PO Box 609, Greenock, South Australia, 5360 電話：+61 438 369 654
電郵：shobbrookwines@gmail.com

澳洲／瑪格麗特河

Si Vintners

這是由第一代的葡萄酒釀造夫婦（Sarah Morris 和 Iwo Jakimowicz）所創立。兩人在西班牙擁有葡萄酒釀酒經驗後回到瑪格麗特河（Margaret River），幸運地找到一塊在 2010 年對外出售的完美古老葡萄園（葡萄藤種植於 1978 年）。釀製兩種調配型浸皮白葡萄酒，包括以蛋型混凝土發酵槽釀製的 Lello (Semillon/Sauvignon Blanc) 和 Baba Yaga（Sauvignon Blanc 加入 Cabernet Sauvignon 以增加水果風味）。這些葡萄酒果味豐富，也充分表現出產區風土。如今他們也在西班牙卡拉塔由（Calatayud）釀造葡萄酒。

地址：N/A 電話：N/A 電郵：info@sivintners.com

澳洲／維多利亞（Victoria）

Momento Mori Wines

紐西蘭人 Dane Johns 的釀酒經驗來自澳洲各地的酒廠。促使他開始釀製浸皮白酒的關鍵時刻在於當他第一次喝下 Radikon 的葡萄酒。他的第一款 Momento Mori 葡萄酒是用埋在他後花園裡的陶罐製作的。如今他和妻子 Hannah 一起收購了一些古老的葡萄園，並建立一家小型釀酒廠，擁有四只以澳洲黏土製成的陶罐。Staring at the Sun 是一款口感宛如羽毛般細緻的調配酒款。經過三個月的浸皮過程，顯現出釀酒師無比的天賦。一家相當值得關注的酒莊。

地址：Gipsland 電話：N/A 電郵：momentomoriwines@gmail.com

奧地利

奧地利釀酒師對橘酒的熱愛，其中一個因素想必與靠近斯洛維尼亞和北義有關。位於史泰利亞邦由五名釀酒師 [87] 組成的 Schmecke das Leben 組織在此具有領導地位，他們在釀製浸皮白酒方面擁有十多年的經驗。在這個內陸小國，每個角落的生產者都將浸皮技術納入釀酒過程，卽使是規模龐大的 Domäne Wachau 也釀製了陶罐發酵的 Riesling。

Bernhard Ott 無疑是下奧地利州（Lower Austria，包括瓦郝 Wachau）的橘酒先驅之一。自 2009 年以來每年都生產優異的陶罐發酵 Grüner Veltliner。他並未列入推薦生產者名單，因爲這是他所釀製的唯一酒款。還有許多優秀的奧地利生產者也同樣僅單單釀製一款橘酒，不過本書著墨更多的是那些生產更多橘酒的酒莊。

---

87 Andreas Tscheppe、Sepp Muster、Strohmeier、Tauss 與 Werlitsch 五人。

奧地利／下奧地利
Arndorfer

Martin 與 Anna Arndorfer 的情況相當有趣。他們是在丹麥進口商的鼓勵下開始嘗試釀製浸皮發酵的酒款。因爲預期 Kamptal 地區肥沃的壤土得以生產優異的橘酒，如今也得到回報。Per Se 系列以浸皮釀製出三款不同品種的葡萄酒（Müller-Thurgau、Grüner Veltliner 和 Neuburger），使人得以一窺不同品種的表現。Per Se 的第一個年份是 2012 年。而我認爲 Neuburger 是當中表現最成功的。

地址：Weinbergweg 16 A-3491 Strass/Strassertal 電話：+43 6645 1570 44
電郵：info@ma-arndorfer.at

奧地利／下奧地利
Winzerhof Landauer-Gisperg

Franz Landauer 的靈感來自 Joško Gravner。他買了幾只喬治亞的陶罐，用來釀製白酒與一款調配紅酒。Amphorae Weiss 是一款相當複雜而令人興奮的葡萄酒，水準有時甚至超過此間位於 Thermenregion 平原地區酒莊的其他酒款。調配酒款所使用的品種每年不同，但多以 Rotgipfler 爲主。Franz 的兒子 Stef 近來逐步接管釀酒的任務，並增加了一款美味的浸皮 Traminer Wild（以不鏽鋼桶發酵）。

地址：Badner Straße 32 A-2523 Tattendorf 電話：+43 2253 8127 2
電郵：wein@winzerhof.eu

奧地利／下奧地利
Loimer

Fred Loimer 的酒莊相當有規模，除位於 Kamptal 的 30 公頃土地之外，還包括 Thermenregion 和下奧地利的地塊。Mit ACHTUNG 系列的五款橘酒試採用位於下奧地利葡萄園的葡萄，是他自 2006 年以來開始釀造的風格，他的釀酒經驗和自信在此得到體現。Mit ACHTUNG 系列是品種酒，風格優雅而柔順。Gemischter Satz（傳統的田野混合）表現得特別成功，3~4 週的浸皮過程也微妙地增添了水果的質地與特色。

地址：Haindorfer Vögerlweg 23 A 3550 Langenlois 電話：+43 2734 2239 0
電郵：weingut@loimer.at

奥地利／布爾根蘭
Andert Wein

Michael 與 Erich Andert 兄弟在奧匈帝國邊境擁有一家採用生物動力法的 4.5 公頃的農場，育有母雞、綿羊、農作物、醃製肉類與苦艾酒等。Michael 解釋說：「葡萄藤所受到的關注最少，所以它們長得有些狂野。」經營 14 年之後，如今酒莊的酒款在全球都有粉絲。Pamhogna Weiss 調配酒款、Ruländer (Pinot Grigio) 和神秘的「PM」都經過浸皮過程。它們都表現出無比的活力並有點辛辣，應該經過更長的瓶中陳年。有些酒款在裝瓶時沒有添加二氧化硫，令人驚訝。

地址：Lerchenweg 16 A-7152 Pamhagen 電話：+43 680 55 15 472
電郵：michael@andert-wein.at

 奥地利／布爾根蘭
Claus Preisinger

儘管看起來很年輕，但 Claus 擁有極長的釀酒經驗。他在 2000 年接管父親 3 公頃的酒莊。如今擁有一家占地 19 公頃，令人印象深刻的現代風格釀酒廠。2009 年，Claus 開始在喬治亞陶罐中發酵白葡萄，是最早採用這種做法的奧地利釀酒師之一。如今釀有三款橘酒，包括 Edelgraben Grüner Veltliner 和 Weissburgunder。酒款的質地飽滿、令人興奮而且表現優異。值得注意的是，Claus 的合作夥伴是以 Rennersistas 成名的 Susanne Renner。

地址：Goldbergstrasse 60 A-7122 Gols 電話：+43 2173 2592
電郵：wein@clauspreisinger.at

 奥地利／布爾根蘭
Gsellmann

Andreas Gsellmann 在 2010 年拜訪了卡爾索而得到靈感，開始釀造經 14 天浸皮過程葡萄酒；一開始是使用酒莊內的 Traminer 和 Pinot Blanc。自 2011 年以來，他開始將幾乎所有的白葡萄以浸皮方式處理，因為他發現這樣能使葡萄酒呈現出最佳的品種特徵。優異的酒款包括 Traminer、Chardonnay Exempel 和 Neuburger Exempel。由這家 21 公頃的高品質莊園內生產的一切都散發著純淨而明確的風格，表現令人興奮。葡萄是以生物動力法栽種，但部分葡萄園仍然在轉換中，目前酒莊只拿到有機認證。

地址：Obere Hauptstrasse 38 7122 Gols 電話：+43 2173 2214-0
電郵：bureau@gsellmann.at

奧地利／布爾根蘭
Gut Oggau

Eduard Tscheppe 及其合作夥伴 Stephanie Eselböck 最初來自史泰利亞邦的一個
釀酒世家，2007 年搬到 Oggau，爲這家建於 1820 年的 14 公頃葡萄園和擁有大型
壓梁機的舊酒莊注入一股新的活力。正如這對受歡迎的夫婦一樣，他們虛構出的
家族三代葡萄酒系列（由老至少依複雜度排序），因爲口感純淨並充滿樂趣而受
到全世界的喜愛。Timoteus 和 Theodora 部分經過浸皮發酵，祖母 Mechtild 則
全數浸皮 8~10 天。自 2011 年以來，所有的葡萄酒均未添加二氧化硫。

地址：Hauptstrasse 31 A- 7063 Oggau　電話：+43(0)664/2069298
電郵：office@gutoggau.at

 奧地利／布爾根蘭
Meinklang

Meinklang 是歐洲最大的生物動力法認證家族農場之一，面積 700 公頃，但當
中只有一小部種植葡萄樹。2009 年開始實驗性地釀造浸皮白酒。正如 Niklas
Peltzer 所說：「我們的酒款擁有很好的辛味、果味與深度，不過有時會缺乏口感
的質地和緊緻度，但經浸皮發酵則能達到絕佳的平衡度。」如今，浸皮白酒系列
包括討喜的 Graupert Pinot Gris 和更豐滿的 Konkret，兩者都是用蛋型混凝土發
酵槽發酵而成。Graupert 葡萄園完全不經整枝，卻不會感到混亂，能產出果實小
而果味更濃郁的葡萄。

地址：Hauptstraße 86 A-7152 Pamhagen　電話：+43 2174 2168-11
電郵：np@meinklang.at

 奧地利／布爾根蘭
Rennersistas

Stefanie 和 Susanne Renner 用 Rennersistas 酒標生產一系列自然酒，與家族經
典的 Renner 系列不同。葡萄都來自 Gols 周圍 13 公頃的葡萄園。在 Tom Lubbe
(Matassa) 和 Tom Shobbrook 酒莊的實習經驗，使她們有了釀造浸皮白酒的靈感。
她們釀造出的酒款擁有豐富的活力和純淨度，以及超可愛的酒標。自 2016 年起
兩姊妹開始管理整家酒莊。根據她們釀造出的首兩個年份（2015 年和 2016 年），
酒莊的未來可期。

地址：Obere Hauptstraße 97, 7122 Gols　電話：+43 2173 2259
電郵：wein@rennerhelmuth.at

奧地利／史泰利亞邦
Ploder-Rosenberg

Fredi 與 Manuel Ploder 的釀酒靈感來自兩人的喬治亞之旅。他們購買了幾只陶罐，如今埋在他們房舍前。至今生產了四款琥珀色葡萄酒，三款在陶罐內發酵，一款在橡木桶中發酵。以 Sauvignon、Traminer 和 Gelber Muskateller 釀製的調配酒款 Aero，一直是我的最愛。陶罐葡萄酒的風格很難明確規範，從美妙無比到有些詭異都有可能。此酒莊對創新的熱情是無庸置疑的，他們目前也正在試驗以抗真菌雜交品種（PIWI）來釀酒。

地址：Unterrosenberg 86, 8093 St. Peter a. O. 電話：+43 3477 3234
電郵：office@ploder-rosenberg.at

 奧地利／史泰利亞邦
Tauss

這是五個 Schmecke das Leben 成員中最小的一個（6 公頃），目前成績斐然。Roland Tauss 的話不多，但你若有幸進到他的酒窖裡，那麼語言便是多餘的，因為他所釀的葡萄酒完美地填補了語言的空缺。Grauburgunder、Sauvignon Blanc 和 Roter Traminer 經過 10 天的浸皮過程，釀造出差異性極大且令人興奮的葡萄酒。酒莊對永續的重視處處可見；在他們寧靜而舒適的農莊飯店中設有一間瑜伽室和太陽能溫水游泳池。酒莊自 2005 年以來實行生物動力法。

地址：Schloßberg 80, 8463 Leutschach 電話：+43 3454 6715
電郵：info@weingut-tauss.at

 奧地利／史泰利亞邦
Schnabel

這家 5 公頃的小酒莊釀造三款美味的浸皮葡萄酒：Chardonnay（當地稱為 Morillon）、Rhine Riesling 和以上兩者的調配酒款 Silicium，三者都經過 14 天的浸皮過程。該酒莊自 2003 年起獲得生物動力法認證，白葡萄品種一直是連皮發酵，因為 Schnabel 認為用這樣的方式可以為葡萄酒增添額外的複雜度和活力。Karl Schnabel 最初的葡萄酒釀造靈感來自 1997 和 1998 年的布根地之旅。即便國際上對他的介紹相對較少，但他可能是第一位在史泰利亞邦製造橘酒並避免添加二氧化硫的釀酒師之一。

地址：Maierhof 34 8443 Gleinstätten 電話：+43 3457 3643
電郵：weingut@karl-schnabel.at

奧地利／史泰利亞邦
Sepp Muster

Muster 是在盲品了 Gravner's Breg 2001 年後，開始使用長時間浸皮法來釀酒。自 2005 年以來，他製作了兩款橘酒：Gräfin 和 Erde。Gräfin 是 100% 的 Sauvignon，浸皮時間 2~4 週，但我最喜歡的是更爲厚實的 Erde，以 80% 的 Sauvignon 和 20% 的 Chardonnay 調配而成，再放入二手橡木桶中經過 6 個月的浸皮過程，最後並在特殊的黏土瓶內陳年。Sepp 在 1998 年的印度之旅期間受到生物動力法的吸引。他是 Schmecke Das Leben 組織的關鍵人物之一。

地址：Schlossberg 38, 8463 Leutschach 電話：+43 3454 70053
電郵：info@weingutmuster.at

奧地利／史泰利亞邦
Strohmeier

十年前，因著葡萄園中噴灑殺蟲劑所引起的健康問題，使得 Franz 和 Christine Strohmeier 重新考慮酒莊的未來方向。他們不再專注於氣泡酒的釀製，自 2010 年以來開始採用生物動力法，同時酒中也完全不添加二氧化硫。他們的橘酒（最初的酒標爲 Orange No.1、Orange No.2 等）釀製靈感來自其他生產者，像是 Sepp Muster、Radikon 和 Giorgio Clai。Wein der Stille 是史泰利亞邦頂級浸皮 Sauvignon Blanc 酒款之一，這是一款整整浸皮 12 個月的雄偉橘酒。卽使氣泡酒已經不再是主打酒款，但他們的 Sekt 依舊精彩。

地址：Lestein 148 8511 St. Stefan o. Stainz 電話：+43 6763 8324 30
電郵：office@strohmeier.at

奧地利／史泰利亞邦
Andreas Tscheppe

愛說冷笑話的 Andreas Tscheppe 對釀酒可是一絲不苟。與 Schmecke das Leben 組織其他成員一樣，葡萄園採用生物動力法。自 2006 年以來生產的 Erdfass (Earth Barrel) 可說是他對傳統喬治亞陶罐釀酒法的肯定。在冬季將大木桶埋在地下，受益於地表下的生命力。這款酒可說是全球最偉大的浸皮葡萄酒之一，葡萄酒質地和風味無比豐富，同時相當均衡。他的浸皮 Gelber Muskateller 釀製的 Schwalbenschwanz 也極爲出色。

地址：Glanz, 8463 Leutschach 電話：+43 3454 59861 電郵：office@at-weine.at

奧地利／史泰利亞邦

Werlitsch

Ewald 與 Andreas Tscheppe 兩兄弟共用一個酒窖，但 Ewald 擁有自己以高架整枝的葡萄園。與酒莊同名的浸皮酒款 Werlitsch cuvée 如今更名爲 Glück。而原本在陶罐內（2007~10 年）釀造的 Amphorenwein 也更名爲 Freude。後者的葡萄皮與葡萄梗與酒液整整接觸了一年的時間，釀造出可能是此區口感最爲宏大、結構最佳的橘酒。Tscheppe 對陶罐並不滿意，因此改用大型木桶。對我來說，這兩款浸皮酒款所表現出的一致性遠比 Ex Vero 系列高。

地址：Glanz 75, 8463 Leutschach 電話：+43 3454 391
電郵：office@werlitsch.com

奧地利／史泰利亞邦

Winkler-Hermaden

這家已延續三代的家族酒莊擁有釀酒廠與餐廳。Christof Winkler-Hermaden 受到 Bernard Ott 的啓發，在 2010 年購買了兩只喬治亞陶罐，其 Gewürztraminer Orange 於 2011 年誕生。這是個絕佳的嘗試，經過爲期 6 個月的浸皮過程，釀製出比後期葡萄酒更爲平衡和新鮮的酒款。酒莊於 2013 年起不再使用陶罐，改用不鏽鋼發酵、橡木桶陳年和更短的浸皮時間（約 1 個月）。全新的 Zunder 葡萄酒於 2016 年生產，經過 3 天的浸皮過程。垂直品飲不同年份的浸皮 Traminer 酒款是個相當有趣的經驗。

地址：Schloss Kapfenstein an der Schlösserstrasse 8353 Kapfenstein 105
電話：+43 3157 2322 電郵：weingut@winkler-hermaden.at

220 橘酒時代
推薦的生產者

波士尼亞及赫塞哥維納

赫塞哥維納（Herzegovina）的基督教地區是這個位於巴爾幹半島上的國家的釀酒中心，擁有原生白色品種 žilavka。在撰寫本書時，該國僅有一位公認的自然酒釀酒師，我也在推薦生產者中特別介紹。此外還必須提及 Vinarija Škegro 釀酒廠，因為他們在 2015 年主流酒款之外又增加了一款出色的浸皮 žilavka。

可惜的是，這個國家目前仍然因種族緊張局勢而分裂，加上缺乏認真的葡萄酒鑑賞文化，使得這個潛力無窮的國家在葡萄酒業的發展上無法更上一層樓。與大多數巴爾幹和亞得里亞海地區一樣，當人們釀造自家飲用的葡萄酒時，使用浸皮方式釀製白酒和紅酒是慣用的做法。

波士尼亞及赫塞哥維納／摩斯塔（Mostar）

Brkić

在波士尼亞要將葡萄園轉換為生物動力法農耕需要一些膽量，但這正是 Josip Brkić 在 2007 年所做的事。位於該國基督教聖經帶（Medjugorje 就在附近）的 Čitluk，是波士尼亞獨一無二的酒莊。三款白葡萄酒都經過一段浸皮時間，他的祖父過去也是用這個技術來幫助發酵啟動。優異的 Mjesečąr（或 Moonwalker）表現出原生品種 žilavka 的花香魅力，而 9 個月的浸皮過程則使酒款加添了深度和複雜度。

地址：K.Tvrtka 9 Čitluk, 88260 電話：+387 36 644 466
電郵：brkic.josip@tel.net.ba

保加利亞

在共黨統治後實行了災難性的土地重新分配計劃，保加利亞的葡萄酒業如今終於開始復甦。不過多數情況下，這意味著仰賴外國投資，而且依舊強調超高科技設備的使用和認爲唯有採用全新法國橡木桶才能釀製好酒這類過時的想法。境內有少量但不斷增長的生產者開始以更眞實、更手工的方式釀酒。截至目前爲止，僅有少數幾位對浸皮白酒進行實驗性的釀造。橘酒的生產在保加利亞似乎沒有任何歷史記錄。

保加利亞／色雷斯（Thrace）

Rossidi

充滿活力和創造力的 Edward Kourian，如今已釀造出兩個年份他自稱爲「保加利亞唯一眞正的橘酒」。受到 Gravner 和 Radikon 等巨擘的影響，他非常忠實地採用他們不經人工干涉的方法釀酒。第一款是 Chardonnay（2015），然接著是 Gewürztraminer（2016）。兩款都是需要時間的好酒，也因此如此早上市有些可惜。另一個規模更大的保加利亞生產者 Villa Melnik 則釀製了浸皮的 Sauvignon Blanc，但相對來說口感較淡，或許稱爲「淡橘酒」更恰當。

地址：Southern Industrial Zone, Sliven 8800 **電話**：+359 886 511080
電郵：info@rossidi.com

加拿大

誰想得到加拿大竟會成為世界上第一個擁有橘酒產區分類的國家？但這是事實，安大略省 VQA 針對「skin fermented white wine」做出分類，也證明了在此有一群熱情、規模雖小但不斷增長的酒農，他們採用永續農耕，對葡萄園和酒窖的人工干預很少。由於部分來自氣候暖化的影響，加拿大如今不再僅是雜交品種和冰酒的故鄉。浸皮白酒的釀造手法並非來自歷史傳承，但在此受過良好教育的釀酒師開始從西（英屬哥倫比亞）到東（安大略省）以浸皮法釀造雜交品種以及經典的法國品種。

加拿大／英屬哥倫比亞
Okanagan Crush Pad

Christine Coletta 在 2005 年構思了她的小型退休計畫，但她的丈夫 Steve 有個更厲害的想法。他們的 Okanagan Crush Pad 如今有項「客製化釀酒」業務，為其他品牌釀造葡萄酒，但他們依舊擁有自己的「Haywire」系列，包括幾款橘酒：風格活潑的 Free Form（Sauvignon Blanc）和 Wild Ferment，還有一款經過 8 天浸皮過程的 Pinot Gris。紐西蘭釀酒師 Matt Dumayne 從最初便掌管釀酒事宜，使用大型混凝土槽進行發酵和陳年。當中有些葡萄酒裝瓶前並沒有添加二氧化硫。Christine 似乎並不在意自己從未退休！

地址：16576 Fosbery Rd Summerland, BC V0H 1Z6 電話：+1 250 494 4445
電郵：winery@okanagancrushpad.com

加拿大／英屬哥倫比亞／安大略省
Sperling Vineyards/Southbrook Vineyards

Ann Sperling 自 1980 年代便開始在加拿大釀酒，如今也在阿根廷的門多薩（Mendoza）工作。她從 Gravner 和 Matassa 那裡得到啟發，對使用葡萄所有元素（包括梗）的想法感到相當著迷，並將此技術帶到安大略省。她的 Orange Vida 來自尼加拉（Niagara）的 Southbrook，表現優異無比，宛如是對寇里歐風格的致意。來自奧卡納干（Okanagan）的 Sperling Pinot Gris 相對風格細緻，也依舊精彩。這兩家酒莊都使用生物動力法，Southbrook 更獲得 Demeter 認證。Sperling 則是安大略省新的 VQA 連皮發酵白葡萄酒類別背後的推動力。

地址：1405 Pioneer Road Okanagan Valley Kelowna, BC V1W 4M6
電話：+1 778 478 0260 電郵：a.sperling@sympatico.ca

加拿大／安大略省
Trail Estate

這家創意十足的酒莊是由已退休的 Anton 和 Hildegard Sproll 於 2011 年所購買，如今由他們的孩子和釀酒師／葡萄園經理 Mackenzie Brisbois 經營。Brisbois 非常注重葡萄酒的質地，於 2015 年開始嘗試釀製浸皮葡萄酒。其浸皮 Gewürztraminer 口感精準；但更爲瘋狂的 ORNG 即便經過 355 天的浸皮口感卻內斂而不過度。Gewürz 酒款則採用較爲傳統的方式釀造，不經乳酸發酵且經無菌過濾。我希望將來酒莊會釀出一些介於這兩個極端風格之間的葡萄酒。

地址：416 Benway Road, Hillier 電話：+1 647 233 8599
電郵：alex@trailestate.com

克羅埃西亞

浸皮發酵白酒的釀造過去曾是克羅埃西亞各區的常態，如今現代科技與過去傳統已在伊斯特里亞兩相結合。從 Malvazija Istarska（意即伊斯特里亞的 Malvasia）在浸皮過程如魚得水的表現上證明了這樣的傳統其來有自。伊斯特里亞在美食和美酒的傳統上相當成熟，而來自義大利的影響力在此顯而易見。克羅埃西亞高地專注於白葡萄酒的生產，但此區的生產者目前還沒達到如其伊斯特里亞鄰居同等的成功。

地處地中海區域的達爾馬提亞南部地區，重點一直是紅葡萄的種植。對浸皮酒愛好者來說，這裡有不少迷人的浸皮白酒，還有許多稀有的原生葡萄品種可供探索。克羅埃西亞豐富的海岸線上遍布著許多產酒小島，島上不僅藏有珍貴的葡萄品種，還有古老、質樸的葡萄酒傳統。Korčula、Vis、Hvar 和 Brač 是此區最重要的釀酒品種。

克羅埃西亞／伊斯特里亞
Benvenuti

這是一家歷史悠久的小型酒莊，坐落在 Kaldira 美麗的山區村莊（可眺望山谷另一邊的 Motovun）。Alfred 和 Nikola 兩兄弟釀造口感細緻的 Malvazijas，一款屬於傳統風格，另一款（Anno Domini）則經浸皮發酵 15 天。後者是個很好的例子，說明了品種如何能經過浸皮，強化其品種特性並創造出豐富而令人滿意的葡萄酒。

地址：Kaldir 7, 52424 Motovun 電話：+385 98 197 56 51
電郵：info@benvenutivina.com

克羅埃西亞／伊斯特里亞
Clai

在第里雅斯特擔任餐廳老闆近 40 年後，Giorgio Clai 決定追隨他的夢想回家鄉釀酒。他所釀造上市的第一個年份是 2002 年，從那時起，Clai 便為伊斯特里亞自然酒的釀造奠定了基礎。他堅持只釀造自己喜歡喝的葡萄酒，這意味著將兩款白酒在整個發酵過程中經過浸皮過程。他將美妙的 Sveti Jakov 與 Malvazija 和 Ottocento 混釀。在健康不佳的情況下，酒莊如今是由能幹的 Dimitri Brečević（見 Piquentum）協助釀酒和葡萄園工作。

地址：Brajki 105, Karstica 52460 Buje 電話：+385 91 577 6364 電郵：info@clai.hr

克羅埃西亞／伊斯特里亞

Kabola

Kabola 是少數付出相當努力而獲得有機認證的克羅埃西亞酒莊之一，我因此對他們相當尊崇。他們的 Malvazija 是在陶罐中發酵和陳年，這樣的做法在該區也是獨一無二。經過 7 個月的浸皮時間，釀造出風格厚實、結構佳的酒款，並表現出此葡萄品種的特色。多年來酒款的表現一直相當穩定，因此絕對值得一提，即便酒莊的其他酒款是以傳統的方式釀造。酒莊風景優美，值得一遊。酒莊將陶罐埋在戶外。

地址：Kanedolo 90, Momjan 52460 Buje 電話：+385 52 779 208
電郵：info@kabola.hr

 克羅埃西亞／伊斯特里亞

Piquentum

在法國長大並接受釀酒師訓練的 Dimitri Brečević 其家族來自克羅埃西亞。他在 2006 年回到父親的家鄉，建立了自己的酒莊。他的 Piquentum 酒莊是建造於 1930 年代由義大利人建造的地下儲水用碉堡。苦於不知如何讓他的白酒自然發酵，他在觀察家人和其他釀酒師的做法後，發現原來使用浸皮法是個關鍵。他的 Piquentum Blanc（酒莊唯一的白酒，100% Malvazija）從那時起便經過幾天的浸皮過程。自 2016 年起，Dimitri 也在 Giorgio Clai 的酒莊釀造葡萄酒。

地址：Cesta Sveti.Ivan, Buzet 52420 Croatia 電話：+385 95 5150 468
電郵：dimitri.brecevic@wanadoo.fr

 克羅埃西亞／伊斯特里亞

Roxanich

Mladen Rožanić 於 2003 年創建了這家酒莊，目標是專注於傳統品種並使用傳統釀酒法。所有白酒都經過浸皮，最長可達 180 天（Antica 使用 Malvazija）。Ines u Bijelom（亦即「白色的 Ines」）以八種品種混釀，可說是 Roxanich 酒莊最優異的酒款，經過 100 天的浸皮過程而製成。帶著活潑的果香並充滿活力，是款討喜的葡萄酒。Milva Chardonnay 也相當不錯。所有的葡萄酒都會在上市前經過 6 年的陳年期。有些品種酒則會在經過 2 天的浸皮後迅速上市。

地址：52446 Nova Vas, Kosinožići 26 電話：+385 (0)91 6170 700
電郵：info@roxanich.hr

克羅埃西亞／Plešivica
Tomac

Tomislav Tomac 將這家占地 5.5 公頃的家族酒莊改造成如今的創新模式。在喬治亞之旅後，他和父親裝置了六只陶罐，並自 2007 年開始使用。Berba 和 Chardonnay 兩款都相當出色，但最獨特的是 Tomac Brut Amphora，這是由古老的當地品種加上一些 Chardonnay 混釀生產。在陶罐中發酵和浸皮 6 個月，並在橡木桶內陳年 18 個月，裝瓶後進行第二次發酵。在一連串複雜的程序後，釀製出無比清新、具活力且相當有趣的酒款，令人印象深刻。

地址：Donja Reka 5, 10450 Jastrebarsko 電話：+385 1 6282 617
電郵：tomac@tomac.hr

克羅埃西亞／達爾馬提亞
Boškinac

這家位於達爾馬提亞北部海岸的酒莊絕對值得一提，原因在於他們使用只生長在帕格島（Pag）上的當地特殊品種 Gegić 來釀酒。Boškinac 不僅釀製口感新鮮的酒款，也以浸皮 21 天、並在橡木桶中陳年 1 年的方式釀造出 Ocu。Boris 的父親清楚記得這種迷人、充滿歷史的葡萄酒風格，除此以外還相當美味。

地址：Škopaljska Ulica 220 53291 Novalja – Island of Pag
電話：+ 385 (0)53 663 500 電郵：info@boskinac.com

克羅埃西亞／達爾馬提亞
Vinarija Križ

Grk 葡萄品種是科爾丘拉島（Korčula）的原生葡萄品種，要能在島外找到並不容易，而要找到經過浸皮的版本更是困難。Denis Bogoević Marušić 自稱為「現代版」，而他飽經風霜的父親 Mile 則為「傳統版」，兩人合作並沒有違和感。他的 Grk 橘酒（此小型酒莊唯一的白酒）具有品種原本的豐富、如蜂蜜般的特性，經過浸皮後則增添了口感的質地與深度。該酒莊相當投入永續發展，也是該區首先獲得有機認證的酒莊之一，同時也是慢食運動的成員。

地址：OPG Denis Bogoević Marušić Prizdrina 10, 20244 Potomje
電話：+385 91 211 6974 電郵：vinarija.kriz@gmail.com

捷克

摩拉維亞（Moravia）是該國最大、最重要的葡萄酒產區，該區與奧地利和斯洛伐克（直到 1993 年分裂之前與捷克屬於同一國家）接壤，在此有一群年輕、另類的葡萄酒生產者。由於靠近奧地利，因此諸如 Grüner Veltliner、Müller-Thurgau 和 Welschriesling 等品種在此受到歡迎就不足為奇了。具抗病性的混合或雜交品種，在這個葡萄種植北界的國家中也普遍可見。有趣的是，此處列出的兩位生產者都是受到 Aleš Kristančič (Movia) 的啟發。

捷克／摩拉維亞
Dobrá Vinice

誰會相信一對來自摩拉維亞的第一代釀酒夫婦所釀的酒，竟然會出現在倫敦三家米其林星級餐廳？這正是 Petr 和 Andrea Nejedlík 在 2000 年造訪 Movia 的 Aleš Kristančič 後所達到的成就。他們的兩款陶罐發酵白酒自 2012 年便開始生產，口感令人印象深刻，架構十足、具新鮮度和水果純淨度。這也是對 Joško Gravner 致意，因為是他激發了兩人開始轉變使用陶罐釀酒。他們的葡萄園位於 Podyjí 國家公園的旁邊。此區被森林覆蓋，混合了沙質、花崗岩和石灰岩土壤。

地址：Do Říčan 592, Praha 9, 190 11 電話：724 026 350 電郵：dv@dobravinice.cz

捷克／摩拉維亞
Nestarec

Milan Nestarec 先跟 Aleš Kristančič 學習釀酒，之後才開始在他父親於 2001 年種下的 8 公頃葡萄園裡釀酒。他的 Antica 葡萄酒風格有些狂野；經過長時間浸皮（長達 6 個月），且不添加二氧化硫。酒莊的酒款與風格不斷更新，但是浸皮酒款主要以 Tramin（即 Gewürztraminer）和名字「迷人」的 Podfuck（Pinot Grigio）為主。Nestarec 勇於接受挑戰，他某些年份或許不是那麼成功，但是絕對值得關注。

地址：Pod Prednima 350 691 02, Velke Bilovice 電話：+ 420 775 072 624
電郵：m.nestarec@seznam.cz

法國

對以下列出的法國生產者竟然如此匱乏，有些人可能會大感驚訝。儘管法國南部長期以來一直有著釀造浸皮、風格質樸的葡萄酒，但北部卻沒有明顯的橘酒傳統。在南部，不乏生產單一浸皮酒款的酒莊，但精通橘酒的釀酒師卻為少數。此外，南部一些最受歡迎的白葡萄酒（Grenache Blanc、Marsanne、Rousanne）相對缺乏酸度，也使得要釀造出均衡而可口的浸皮酒更具挑戰性。

羅亞爾河（Loire）、薩瓦（Savoie）和侏羅（Jura）產區的一些生產者在釀酒時會刻意使白酒經過氧化陳年。人們通常會把這樣的做法與浸皮過程兩相混淆，但兩者在風格上卻大相逕庭。松塞爾（Sancerre）重要的釀酒師 Sébastien Riffault 的酒款便是一個很好的例子。不過最近他在其以氧化風格著稱的酒款系列中加入了一款真正的浸皮葡萄酒。

法國／阿爾薩斯
Laurent Bannwarth

Stéphane Bannwarth 對陶罐釀酒的迷戀始於 2007 年的喬治亞之旅。他覺得這是可以用最少人工干涉的方式製作葡萄酒的完美方式，同時也是使用生物動力法後合乎邏輯的下一步。他著手買下八只陶罐，但花了四年才終於拿到貨！酒莊釀造出口感細緻而美味的陶罐葡萄酒系列，其一是絕妙的 Synergie 調配葡萄酒，如今也加入了兩種非以陶罐製成的浸皮白酒（Red Bild 和 La Vie en Rose）。他們也訂購了更多的陶罐，可說是真正的橘酒迷。

地址：9 route du Vin Rue Principale Obermorschwihr, 68420
電話：+33 389 493 087 電郵：laurent@bannwarth.fr

法國／阿爾薩斯
Le Vignoble du Rêveur

夢想家的葡萄園（譯名）是 Mathieu Deiss（著名的 Marcel Deiss 之子）從祖父那裡繼承的珍貴葡萄園，如今重新煥發活力並轉變為生物動力法農耕方式，園中的收成也用來作為 Deiss 實驗性酒款，以及為系列中某些令人興奮無比的葡萄酒提供了最佳材料，其中一些葡萄酒是以陶罐發酵，最優異的包括以陶罐發酵的 Gewürztraminer（Une Instant sur Terre）和 Singulier，以及用二氧化碳發酵法釀製的 Riesling 和 Pinot Gris。酒款表現出品種的精確度，以及橘酒所能表現出阿爾薩斯葡萄酒不同的一面。這是一家值得關注的酒莊。

地址：2 Rue de la Cave Bennwhir, 68630 電話：+33 389 736 337
電郵：contact@vignoble-reveur.fr

法國／布根地

Recrue des Sens

從不斷上漲的價格看來，Yann Durieux 的酒款可能受到過度炒作。但話說回來，酒莊所釀造的葡萄酒數量微不足道，而這正是布根地的一大問題。Les Ponts Blanc 是三款浸皮白酒之一，將 Aligote 浸皮發酵 2 週，讓此品種的優雅細緻充分表現出來，並添加了更多的複雜度與緊實度。年輕而頂著一頭長髮綹的 Durieux 一開始在 Domaine Prieuré-Roch 工作，然後於 2010 年創建了自己的酒莊。他的葡萄園距離 Domaine de la Romanée-Conti 只有一箭之遙，這對葡萄酒價格絕對沒有幫助！

地址：11 Rue des Vignes, 21220 Messanges 電話：+33 380 625 064 電郵：N/A

法國／薩瓦

Jean-Yves Péron

Péron 的葡萄酒已取得膜拜酒的地位。自 2004 年的第一個年份以來，便將所有白酒和紅酒使用整串發酵，這在薩瓦是獨一無二的。他在葡萄園中種了一小塊原生品種，像是 Jacquère 和 Altesse。Côtillon des Dames 這款酒具有高酸度，但經過陳年後便能達到令人印象深刻的複雜度，並具有幾乎是不朽的陳年實力。Les Barrieux 則相對濃郁，因爲在調配中加入了 Rousanne。Péron 喜歡以相當氧化的方式釀造葡萄酒，而且通常不添加二氧化硫。

地址：N/A 電話：+33 683 585121 電郵：domaine.peron@gmail.com

法國／隆格多克

Domaine Turner Pageot

十年來，Emmanuel Pageot 一直使用橘酒釀造技術，這使他成爲該區的橘酒先驅之一。他的 Les Choix 使用 100% Marsanne，經過大約 5 週的浸皮時間。這是一款風格宏大的酒款，須經陳年與醒酒過程才能擁有最佳表現。此外，Emmanuel 還在 Le Blanc（一款美妙而複雜的 Rousanne 和 Marsanne 混釀）和獨特的 Sauvignon Blanc Le Rupture 中使用一定比例的浸皮葡萄。葡萄栽培是採用未經認證的生物動力法，包括使用草藥替代傳統農藥噴灑。

地址：1 & 3 Avenue de la Gare, 34320 Gabian 電話：+33 6 77 40 14 32
電郵：contact@turnerpageot.com

法國／胡西雍（Roussillon）

Matassa

2002 年紐西蘭人 Tom Lubbe 在 Domaine Gauby 工作後，與顧問 Sam Harrop 一起創建了這家酒莊。Harrop 對過濾葡萄酒的堅持或許不符合酒莊的最終方向，因爲 Matassa 自此成爲自然葡萄酒界的膜拜酒莊。兩款以 Muscat 爲主的葡萄酒——Cuvée Alexandria（浸皮 35 天）和 Cuvée Marguerite——都採用浸皮法製作。這些葡萄酒來自炎熱的氣候，但它們所帶有的一絲鹹味爲酒款添加了新鮮度。

地址：2 Place de l'Aire, 66720 Montner 電話：+33 468 641 013
電郵：matassa@orange.fr

喬治亞

如果有足夠的空間，要在本書中列出 100 位陶罐葡萄酒生產者是不無可能的。這樣的數字是相當驚人的，尤其當僅僅五年前，銷售裝瓶陶罐葡萄酒的生產者還不到這個數字的一半。許多過去的葡萄種植者甚至企業家都因此趁勝追擊。以下我選擇了最具代表性和知名度的生產者，包括一些指導過很多其他人的真正先驅釀酒師，以及一些明日新星。

蘇聯時期的釀酒業集中在卡赫季，其他地區則逐步遭到淘汰。如今許多種植者慢慢開始向西部地區擴張，例如 Guria、Samagrelo 和 Adjara。但目前白葡品種（以及琥珀色葡萄酒）的生產仍以卡赫季為中心，一小部分則在卡特利中部與伊梅列季西部。

書中我也毫不猶豫地列出一些喬治亞的大型釀酒廠，因為它們的陶罐系列非常出色，通常價格合理，而且比某些精品酒款更容易買到。

喬治亞農業部自 2018 年份推出官方的陶罐葡萄酒分類。可惜的是，該分類並沒有強制執行使用傳統釀酒法，而僅要求葡萄酒在陶罐中發酵，不論是否浸皮、是否添加酵母或其他添加物。不論如何，這已清楚地表明，陶罐葡萄酒是喬治亞葡萄酒業未來的一部分，而不僅僅是過去式。

Vino M'artville

果農 Nika Partsvania 和釀酒師 Zaza Gagua，在這個蘇聯解體後葡萄酒生產幾乎完全停止的喬治亞區域創建了自己的酒莊。除了使用原生 Ojaleshi（紅色品種），他們還釀造出一些有趣的陶罐葡萄酒，葡萄來自鄰近的伊梅列季。截至目前為止，以 Tsolikouri-Krakhuna 混釀的酒款最為成功，但時間將會證明一切。自 2014 年以來，他們也開始在 Samegrelo 種植新的葡萄園。酒莊的第一個年份是 2012 年，目前葡萄園的面積為 0.5 公頃。

地址：Martvili Municipality, Village Targameuli 電話：+995 599 372 411
電郵：vinomartville@gmail.com

Ének Peterson

這位來自美國波士頓的 23 歲音樂家（有個匈牙利文的名字）於 2014 年前往喬治亞，卻從未登上回程航班。Ghvino Underground 的常客都會認識這個在吧檯工作的女生。如今她正在釀製自己的陶罐葡萄酒，酒款風格精確而微妙。第一個年份是 2016 年，包括 Tsolikouri-Krakhuna 混釀酒款，一款經過浸皮，一款則無。或許我們也不該驚訝，但浸皮版本相對更為成功！

地址：Fersati, Imereti 電話：+995 599 50 64 27 電郵：enek.peterson@gmail.com

Nikoladzeebis Marani / I am Didimi

Ramaz Nikoladze 是為喬治亞如今蓬勃發展的自然酒界奠定基石的先鋒之一。身為提弗利司首家自然酒吧 Ghvino Underground 的創辦人之一，同時也是慢食組織喬治亞分會的主席，自陶罐的文藝復興開始以來，他便一直參與其中。Nikoladze 以純正無誤的陶罐釀造法釀酒，通常浸皮時間較類似於卡赫季的更長時間。直到 2015 年，這些葡萄酒都是以直接埋在露天地下的陶罐中生產。如今他略微升級，開始擁有一間基本的釀酒廠，也有自來水和電。Ramaz 現在也為他年邁的岳父 Didimi Maghlakelidze 釀酒。

地址：Village of Nakhshirghele near Terjola 電話：+995 551 944841
電郵：georgianslowfood@yahoo.com

喬治亞／卡特利

Gotsa

Beka Gotsadze 的家庭是個釀酒世家，但是在共產黨的統治下被消除殆盡。2010年，他決定停下自己建築師的工作，而在家族於卡特利的避暑別墅創建釀酒廠。Gotsa 專注於釀製傳統品種，如 Tsolikouri、Tsitska 和 Khikvi，目前葡萄園共有 15 種品種。最初幾個年份品質不太一致，但如今的表現已逐漸臻至完美。我的首選是 Tsolikouri，但也相當推薦 Rkatsiteli-Mtsvane 的混釀酒款。

地址：G. Tabidze str, village Kiketi, Tbilisi 電話：+995 599 509033

電郵：bgotsa@gmail.com

喬治亞／卡特利

Iago's Wine

Iago Bitarishvili 的綽號是「The Chinuri Master」（Chinuri 葡萄品種大師）。他專門釀造卡特利的原生品種。Bitarishvili 的父親僅生產現代風格的葡萄酒，因此當 Iago 在 2008 年釀造出他的第一款浸皮陶罐葡萄酒時，父親非常地生氣。所幸 Iago 得到一位朋友的支持，並從友人那得知原來他的祖父過去就是這樣釀製葡萄酒！Iago 生產的陶罐 Chinuri 一款經過浸皮，一款則無。將兩者做對比與比較是個相當有趣的經驗：兩者在純淨度與結構上都無與倫比。Iago 在推廣喬治亞的陶罐葡萄酒文化上十分積極，每年都在提弗利司舉辦葡萄酒節活動。

地址：Chardakhi, Mtskheta 3318 電話：+995 599 55 10 45

電郵：chardakhi@gmail.com

喬治亞／卡特利

Marina Kurtanidze

品嘗 Marina Kurtanidze 釀製的 Mandili Mtsvane 是個令人欣喜的經驗。酒款表現出此一品種的美妙芳香氣息，但同時也將該品種驚人的單寧給控制住。這款葡萄酒在 2012 年首次上市，是喬治亞第一款由女性釀酒師商業化生產的葡萄酒。葡萄是從可靠來源買進，來自一座低產量的葡萄園。Marina 也「恰好」是 Iago Bitarishvili 的妻子，使兩人成爲喬治亞陶罐葡萄酒界真正的權力夫妻之一。

地址：Chardakhi, Mtskheta 3318 電話：+995 599 55 10 45

電郵：chardakhi@gmail.com

Alaverdi Monastery "Since 1011"

雖然在西元 1011 年以前此地已有一座修道院，但時代的動盪摧毀了此地，並使持續了幾個世紀的葡萄酒釀造停止。酒窖在 2006 年重建並重新營運，並得到 Badagoni 釀酒廠在財務和專業上的支持。首席釀酒師是 Gerasim 神父，一位清楚自己的呼召在於釀酒的僧侶。修道院所釀的是一些風格最傳統的卡赫季風格葡萄酒，年輕時單寧與口感無比緊實，但絕對值得等待。酒標上標示 Alaverdi Tradition 的酒款則是由 Badagoni 酒廠以買入的葡萄大規模生產出來的酒款。

地址：42.032497° N 45.377108° E (Zema Khodasheni-Alaverdi-Kvemo Alvani)
電話：+995 595 1011 99 電郵：mail@since1011.com

喬治亞／卡赫季

Gvymarani

喬治亞真是充滿驚喜。Yulia Zhdanova 出生於俄羅斯，在莫斯科和法國學習釀酒，如今在 Ribera del Duero 的一家頂級釀酒廠工作。但因著自己在喬治亞的童年回憶，使她愛上這個國家，並在卡赫季執行自己的小型釀酒計畫。她專注使用來自 Manavi 村的 Mtsvane 品種釀酒。酒款品質絕佳，持守傳統風格，毫不妥協。她的第一個年份是 2013 年。

地址：Tsichevdavi Village, GG19 電話：N/A 電郵：info@gvymarani.com

喬治亞／卡赫季

Kerovani

Archil Natsvlishvili 是一位年輕的軟體設計師，他在 2013 年開始將釀酒當作業餘嗜好。他與釀酒師堂兄 Ilya Bezhashvili 一起匯整了一些由當地政府重新分配的小塊葡萄園，並建造一個陶罐酒窖。舊的葡萄園種植的並非單一品種，因此 Kerovani 便以田野混合品種進行釀造。目前我偏好酒莊香味豐富、極具架構的 Rkatsiteli。問到 Archil 為何想要回到這片土地時，他說：「這個想法在我體內熱血沸騰！」

地址：D. Agmashenebeli 18 Signaghi 電話：+995 599 40 84 14
電郵：ilya_bezhashvili@yahoo.com

喬治亞／卡赫季
Niki Antadze

Antadze 是喬治亞陶罐文藝復興時代的先鋒之一，自 2006 年以來一直在營救有趣的古老葡萄園並釀造陶罐葡萄酒。他的 Rkatsiteli 和 Mtsvane 可說是傳統卡赫季風格陶罐葡萄酒的教科書典範，具有無比深度和複雜度，但也擁有一種質樸魅力。與侏羅出生的 Laura Seibel 合作釀製了兩個年份更具實驗風格的 Tsigani Gogo 和 Mon Caucasien。

地址：agarejo District Village Manavi 電話：+995 599 63 99 58
電郵：nikiantadze@gmail.com

喬治亞／卡赫季
Okros Wines

總部位於 Sighnaghi（與 Pheasant's Tears 和其他許多人一樣），John Okruashvili 在 2004 年放棄他在英國和伊拉克的科技業職涯，回到家鄉成立自己的小型酒莊。從 2004 年首次生產幾百公升開始，如今已擁有 4.5 公頃葡萄園，並生產一系列 Rkatsiteli、Mtsvane、Tsolikouri 和 Saperavi 葡萄酒。在比較過 2016 年 Mtsvane 葡萄酒一款經過浸皮、一款無浸皮的酒款後，可以清楚發現在無二氧化硫的保護下釀酒，最好還是加入浸皮過程較為安全。

地址：7 Chavchavadze Street, Sighnaghi 電話：+995 551 622228
電郵：info@okroswines.com

喬治亞／卡赫季
Orgo / Telada

Orgo 是卡赫季信譽卓越的陶罐釀酒師之一的個人釀酒計畫。Giorgi Dakishvili 是 Schuchmann Wines/Vinoterra 自成立以來的首席釀酒師，並於 2010 年在距離酒莊一箭之遙的地方建立自己的釀酒廠。Dakishvili 是一位知名的陶罐釀酒師，使用家族 8 公頃葡萄園的葡萄釀製出精美的酒款。在喬治亞，完全使用自有葡萄並在自有酒莊裝瓶仍屬罕見。Rkatsiteli 在去梗後，在陶罐中待了整整 6 個月。此外他還釀造了 Mtsvane 和 Saperavi 的氣泡酒。Telada 是最初的品牌名稱。

地址：Kisiskhevi, Telavi 電話：+995 577 50 88 70
電郵：g.dakishvili@schuchmann-wines.com

Our Wine

2003 年由五位朋友以 Prince Makashvili Cellar 品牌共同創立，後來改名爲 Our Wine。這個膜拜品牌及其背後推手——已故的 Soliko Tsaishvili ——是喬治亞新陶罐時代的釀酒先驅之一。他們最初的動機在於希望飲用到優質的喬治亞傳統葡萄酒，但當時在提弗利司卻無法獲得。Rkatsiteli 和 Saperavi 來自幾座不同的葡萄園，都是以有機或生物動力法耕作。風格是依據卡赫季傳統精心釀製而成。

地址：Bakurtsikhe Village 電話：+995 599 117 727
電郵：chvenigvino@hotmail.com

Pheasant's Tears

美國畫家 John Wurdeman 如何來到喬治亞並被酒農 Gela Patalishvili 說服而共同在 2007 年創辦釀酒廠的故事，如今已成爲傳奇。Pheasant's Tears 現今已發展成一家大型企業，除了擁有一間釀酒廠，還在 Sighnaghi 和提弗利司擁有多家餐廳。葡萄酒採用非常傳統的方式釀製，葡萄來自卡赫季、卡特利和伊梅列季。品管有時對這樣一家分佈幅員遼闊的酒廠來說有些吃緊，酒莊的葡萄酒風格有時可以絕妙無比，有時則有些樸實。不論如何，宛如喬治亞非官方文化大使的 Wurdeman 對該國文化推廣上絕對功不可沒。

地址：18 Baratashvili Street, Sighnaghi 4200 電話：+995 599 53 44 84
電郵：jwurdeman@pheasantstears.com

Satrapezo (Telavi Wine Cellar)

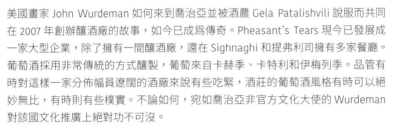

Satrapezo 是喬治亞最大的葡萄酒生產者之一的 Telavi Wine Cellar（又名 Marani）的精品陶罐酒款系列。該酒莊自 2004 年開始生產優質的陶罐葡萄酒。有趣的是，1997 年被 Marani 收購的這家釀酒廠其實是蘇聯時代專門生產陶罐葡萄酒的少數葡萄酒廠之一。酒莊擁有可容納 75,000 公升的巨型陶罐。口感豐富的 Mtsvane 特別值得稱讚，儘管傳統主義者可能會有所抱怨，因爲這款酒在傳統的陶罐發酵後部分也經過橡木桶中陳年。

地址：Kurdgelauri. 2200. Telavi 電話：+995 350 27 3707 電郵：marani@marani.co

喬治亞／卡赫季
Shalauri Wine Cellar

Shalauri 酒莊是 David Buadze 和朋友於 2013 年創建，專注於使用傳統釀酒法，僅生產陶罐葡萄酒。酒莊位於同名村莊附近。他們所釀的 Mtsvane 2014 和 2015 年份都值得注意，呈現出完全的卡赫季風格，具有相當的結構和複雜度。目前我不是那麼喜歡酒莊的 Rkatsiteli 酒款，但現在做定奪仍過早。他們第一個年份是以買入的葡萄來釀酒，如今已經擁有一座占地兩公頃的 Rkatsiteli、Mtsvane、Kisi 和 Saperavi 葡萄園。

地址：2200 Shalauri Village, Telavi 電話：+995 571 19 98 89
電郵：shalauricellar1@gmail.com

喬治亞／卡赫季
Tbilvino

Giorgi 和 Zura Margvelashvili 兩兄弟於 1998 年買下這家近乎破產的釀酒廠，並將其發展成爲如今喬治亞最大的酒莊之一。雖然大部分的酒款都是西式風格的葡萄酒，但自 2010 年以來也開始生產量少而多樣的陶罐葡萄酒。值得一提的是，Tbilvino 成功地將經過 6 週浸皮過程的 Rkatsiteli 賣給英國的 Marks and Spencer 超市。他們的陶罐葡萄酒絕對能用物超所值形容。陶罐生產量約爲 75,000 瓶（酒莊總產量爲 400 萬瓶）。

地址：2 David Sarajishvili Avenue, Tbilisi 電話：+995 265 16 25
電郵：levani@tbilvino.ge

喬治亞／卡赫季
Vinoterra (Schuchmann Wines)

Schuchmann Wines 是由德國工業家和投資者 Burkhard Schuchmann 於 2008 年創立。Giorgi Dakishvili 從一開始便擔任釀酒師，並將其原有的酒莊 Vinoterra（專門釀製傳統陶罐酒款）納入 Schuchmann 作爲副品牌。但 Vinoterra 系列可不是次級酒款，因爲價格親民和優異的可得性，使這類酒款在全球各地極受歡迎。某些酒款，例如 Saperavi，會在陶罐中釀製後再經過橡木桶陳年，因此或許不是所有人都能接受。他們的 Kisi 和 Mtsvane 隨著時間的演進能變得更爲出色。今年陶罐葡萄酒的產量將達到 40 萬瓶。

地址：Village Kisiskhevi 2200 Telavi 電話：+995 7 90 557045
電郵：info@schuchmann-wines.com

喬治亞／卡赫季
Viti Vinea

這是 Gogi Dakishvili 的兒子 Temuri 和 Daviti Dakishvili 所釀製的酒款。他們的第一個年份是 2010 年，其中包括以傳統的卡赫季風格釀製的優異 Kisi 酒款。或許可以說 Viti Vinea 和 Orgo 兩者風格類似，葡萄都來自家族的葡萄園，葡萄酒則是在同一釀酒廠生產的。兄弟倆受益於父親無與倫比的釀酒技巧和經驗，看到他們在釀酒上可以開花結果令人欣喜。

地址：Village Shalauri, Telavi District 2200 電話：(+995) 577 50 80 29
電郵：info@vitavinea.ge

喬治亞／卡赫季與卡特利
Doremi

位於提弗利司外的這家酒莊，是由三位朋友 Giorgi Tsirgvava、Mamuka Tsiklauri 和 Gabriel 於 2013 年一同創建的。有機種植的葡萄來自卡赫季與卡特利。釀酒過程是不經人工干預，而且毫無添加也不經過濾。他們的 Kisi、Rkatsiteli 和 Khikhvi 口感純淨、香氣芳香，證明只要對細節有所堅持且葡萄品質優異，便得以釀製出非凡的葡萄酒。酒標的精美手繪是由 Giorgi 的妻子設計。

地址：Gamargveba village, near Tbilisi 電話：+995 14 44 91
電郵：doremiwine@yahoo.com

喬治亞／卡赫季與卡特利
Papari Valley

Nukri Kurdadze 於 2004 年買下他的第一座葡萄園，但在 2015 年才開始裝瓶自己的陶罐葡萄酒。他在釀酒上頗有兩下子！其 Rkatsiteli 和 Rkatsiteli-Chinuri 混釀酒款是我所嘗過的兩款最精確，也最令人興奮的年輕陶罐葡萄酒。葡萄園位於陡峭的山坡上，可以欣賞到高加索山的壯麗景色。酒窖是沿著三處下降的平臺鑿建，每層平臺都有幾只陶罐，使葡萄酒能夠在發酵，經過重力至下個平臺以便陳年。

地址：Village Akhasheni, Gurjaani Municipality 電話：+995 599 17 71 03
電郵：nkurdadze@gmail.com

喬治亞／卡赫季與伊梅列季
Monastery Wines (Khareba)

這家巨大的酒莊擁有 745 公頃的葡萄藤，自 2010 年以來一直以 Monastery Wines 作爲陶罐葡萄酒系列的名稱。現在用爲釀酒廠的建築物原本是座修道院，這也解釋了名字的來源。酒標還蠻糟的，但裡面以傳統方式釀造的葡萄酒品質卻非常好。Mtsvane（葡萄來自卡赫季）我特別推薦；Tsitska（葡萄來自伊梅列季）是依據伊梅列季的傳統製作，僅 50% 的酒液經過浸皮。該系列共包含九款葡萄酒。

地址：D. Agmashenebeli 6 km **電話**：+995 595 80 88 83
電郵：info@winerykhareba.com

喬治亞／卡赫季與提弗利司
Bina N37

在提弗利司市中心位於八樓的公寓裡搭建陽臺並放入 43 只陶罐來釀酒聽起來非常瘋狂，但過去身爲醫師的 Zura Natroshvili 卻實現這樣的不可思議點子，並同時在公寓裡開了家餐廳。葡萄從卡赫季運送而來，然後放到八樓，這聽起來並不理想，但他的第一個年份（Rkatsiteli 2015）卻是款典型而討喜的陶罐葡萄酒；Saperavi 相對的則不太成功。假如這個點子聽起來還不夠瘋狂，那麼在他哥哥家裡再加裝 9 只更大型的陶罐應該夠誇張了吧。

地址：Apartment N37, Mgaloblishvili street N5a, Tbilisi 0160
電話：+995 599 280 000 **電郵**：zurab.i.natroshvili@gmail.com

喬治亞／其他
Lagvinari

在與 Isabelle Legeron MW 合作釀製第一個年份（2011 年）之後，一鳴驚人。原本爲心臟麻醉師的 Eko Glonti 博士對地質學有著終身的迷戀，並執著於有機葡萄栽培。他與當地農民合作，在喬治亞各地重振葡萄藤的種植，並釀製了絕佳的 Krakhuna、Tsolikouri 和 Aladasturi（僅擧三例）。Glonti 毫無疑問是該國最受關注和最具說服力的釀酒師之一。

地址：Upper Bakurtsikhe, Kakheti 1501 **電話**：+995 5 77 546006
電郵：info@lagvinari.com

德國

在所有主要的歐洲葡萄酒生產國中，德國對在葡萄酒釀造過程中減少人工干預這方面，是最為保守也發展得最慢的一個；對橘酒釀造的態度也是如此。法蘭科尼亞（Franconia）有一個小眾的橘酒市場，一些生產者在那裡釀造浸皮的 Silvaner。不過至今我還沒有覺得印象深刻，因此以下列的是德國西部相當傑出的橘酒生產者。

德國最重要的 Riesling 在浸皮過程是相當棘手的品種。在著名的摩塞爾（Mosel）產區經典甜型和微甜 Riesling 葡萄酒中，釀酒師會避免或阻止蘋果酸乳酸發酵的發生，以確保酒中能保留人們所熟悉的 Riesling 芳香和酸度。然而，以浸皮發酵釀造的 Riesling 不僅需要具有較高的發酵溫度，而且更有經過完全蘋果酸乳酸發酵的可能性，進而生產出並非所有釀酒師（或其客戶）都能欣賞的具有更飽滿風格的酒款。

 德國／法爾茲（Pfalz）
Eymann

Vincent Eymann 發展出一種特殊的方法來生產其美味的連皮發酵 Gewürztraminer。在浸皮 4~6 週後，酒液放入 solera 系統中陳年（譯註：如同釀造西班牙雪莉酒的特殊陳年方式），所以目前的酒款（MDG ＃ 3）含有過去三年的葡萄酒。這是解決葡萄酒老化問題的一種非常聰明的技術。用這樣的方式，即使葡萄酒相當年輕，仍能表現出複雜度，適飲度也非常出色。酒莊第一個年份是 2014 年。

地址：Ludwigstraße 35 D-67161 Gönnheim 電話：+49 6322 2808
電郵：info@weinguteymann.de

義大利

自 1990 年代末期以來，義大利的釀酒師開始恢復使用浸皮技術，這股風潮從東北擴散開，囊括了該國的每個角落。弗留利─寇里歐和卡爾索仍然擁有最為強大也最為堅強的傳統，並且幾乎仍然是該國唯一可以找到專門生產浸皮白酒釀酒師的產區。然而，艾米里亞─羅馬涅憑藉其芳香的 Malvasia di Candia，開始挑戰此一統治地位。拉吉歐、翁布里亞和托斯卡尼等中部地區也同樣如此。當地的白色品種相對較少，但將多數義大利中央產區聯繫在一起的是 Trebbiano di Toscana（該品種在當地有許多不同名稱）。儘管如此，這個風格中性的品種卻一次次證明它在浸皮葡萄酒中的價值。

西西里和薩丁尼亞似乎都培養出專一而極具個性的釀酒師，也使此區成為自然酒和橘酒生產者的沃土。

在知名產區如巴羅鏤或奇揚替（Chianti）等產區，規模較大、企業化的生產者，與較小的工匠或小型家族酒莊兩者之間，存在著相當顯著的鴻溝。大型釀酒廠幾乎不碰觸橘酒的釀造，或許是因為這會使他們的酒款難以得到 DOC 和 DOCG 的等級認證。義大利的葡萄酒法規經常將區域性葡萄酒的顏色、風味和芳香性納入規章範圍內，這不可避免地導致許多橘酒被降級為較不負盛名的分類，例如 IGP[88]，甚至不允許年份或葡萄品種出現的基本餐桌酒類別 Vino Bianco。

---

88 Indicazione di Origine Protettiva 多半還是被稱為 IGT (Indicazione Geografica Tipica)。

義大利／皮蒙區（Piedmont）
Cascina degli Ulivi

Stefano Bellotti 在 1984 年將自己的農場轉變爲使用生物動力法之後，一直是此農耕法的倡導者。此外，他還重新將葡萄藤帶回農場，因爲當他於 1977 年開始工作時，Cascina degli Ulivi 僅剩 1 公頃的葡萄藤。酒莊的幾款白酒都使用浸皮法，特別是混合了 Timorasso、Verdea、Bosco、Moscatella 和 Riesling 的 A Demûa。Bellotti 在 Jonathan Nossiter 2015 年的紀綠片《Natural Resistance》出現相當長的時間。他提倡自然酒不遺餘力，同時也是社區價值觀的眞正支持者。（譯註：Stefano Belotti 先生已於 2018 年 9 月過世，酒莊由女兒接手。）

地址：Strada della Mazzola, 12 電話：+39 0143 744598
電郵：info@cascinadegliulivi.it

 義大利／皮蒙區
Tenuta Grillo

Guido 和 Igiea Zampaglione 在蒙非拉托（Monferrato）有 17 公頃的葡萄園，另外還有 2.5 公頃的 Fiano 在坎佩尼亞（Campania）的 Il Tufiello。Guido 偏好長時間的浸皮，通常落在 45~60 天之間。他也是少數會等到葡萄酒適飲後才釋出上市的生產者之一。Baccabianca 酒款目前的年份是 2010 年，具有 Cortese 品種的優越結構和香料草藥般的複雜度。目前我偏好來自 Il Tufiello 酒莊的 Fiano，以 Montemattina 名稱爲酒標，用與皮蒙區葡萄酒一樣的方式釀造。口感十分清新，並充滿典型的品種特性。

地址：15067 Novi Ligure 電話：+39 339 5870423 電郵：info@tenutaGrillo.it

 義大利／特倫提諾─上阿迪杰（Trentino-Alto Adige）
Eugenio Rosi

Rosi 是特倫提諾十位工匠釀酒師之一，他們共同組成 I Dolomitici 集團。他先在當地的共同合作社有了釀酒經驗後，於 1997 年以兩座租來的葡萄園開始釀造自己的葡萄酒。以 Nosiola 爲主的調配白酒 Anisos，具有美妙的質地、新鮮度和精確度。舊的 Chardonnay 與 Pinot Bianco 葡萄園重新改種後，Nosiola 如今正逐漸成爲酒莊的焦點。他們的葡萄栽培是採未經認證的有機農法。

地址：Palazzo Demartin Via 3 novembre, 7 38060 Calliano 電話：+39 333 3752583
電郵：rosieugenio.viticoltore@gmail.com

 義大利／特倫提諾—上阿迪杰
Foradori

從 1984 年的第一個年份開始，嬌小的 Elisabetta Foradori 就開始展現出非凡的成就和創新的想法。她最初專注於改善特倫提諾原生品種 Teroldego 的生物多樣性。2002 年，她將 28 公頃的葡萄園改採生物動力法，並於 2008 年開始發現在陶罐發酵的樂趣。一如 COS，她所使用的是小型的西班牙 Tinaja。Fontanasanta Nosiola 於 2009 年首次釀製，以其優雅和細緻而著稱，展示了在陶罐中長時間浸皮的完美性。酒莊還有 Manzoni Bianco 和 Pinot Grigio，兩者也都經過浸皮過程製成。

地址：Via Damiano Chiesa, 1 38017 Mezzolombardo 電話：+39 0461 601046
電郵：info@elisabettaforadori.com

 義大利／特倫提諾—上阿迪杰
Pranzegg

Martin Gojer 於 2008 年接管這家酒莊，並迅速將其改爲生物動力法農耕。他那充滿戲劇性的梯田葡萄園使用棚架系統進行高架整枝，這樣的決定肯定是來自過去的經驗。他曾經任職於 Simonit & Sirch，這或許是世界上最重要的（也是唯一的？）葡萄藤整枝顧問公司。調配白酒 Tonsur 和 Caroline 是由大部分經浸皮的葡萄發酵製成的，GT 則是經過浸皮的 Gewürztraminer。這款葡萄酒具有上阿迪杰酒款的優異純淨度和精確度，以及浸皮過程所帶來的額外複雜度。

地址：Kampenner Weg 8, via campegno 8 39100 Bozen 電話：+ 39 328 4591961
電郵：info@pranzegg.com

 義大利／唯內多
Costadilà

Ernesto Cattel 是最早重新推廣 col fondo 的人之一，這是一種以祖傳法釀製的 Prosecco，在瓶中經過天然的二次發酵，並與死酵母一同裝瓶。大部分的味道都存留在渾濁的沉澱物中，所以要先將它搖勻再倒入杯中！280 SLM（名稱來自葡萄園的海拔高度）自 2009 年以來開始經過 25 天的浸皮過程，450 SLM 則僅浸皮數天。這些葡萄酒討喜而易飲，因爲酒精含量低且不添加二氧化硫，因此對身體的負擔較少。酒莊第一個年份是 2006 年。

地址：Costa di là, 36 – Tarzo 電話：N/A 電郵：posta@ederlezi.it

義大利／唯內多
La Biancara

憑藉其製作披薩的背景，Angiolino Maule 在 1980 年代後期在 Gambellara（鄰近 Soave）創建了 La Biancara 酒莊，同時與 Joško Gravner 及其他釀酒師一起參與定期的討論和品嘗。他的創舉在於：將浸皮的 Garganega 以細緻、優雅而複雜的方式表達出來。酒莊的某些葡萄酒是不添加二氧化硫的。Maule 於 2006 年成立由 130 家自然葡萄酒生產者組成的 VinNatur 協會，該協會每年組織一次 Villa Favorita 自然葡萄酒展。

地址：Località Monte Sorio, 8 – 36054 – Montebello Vicentino
電話：+39 444 444244 電郵：biancaravini@virgilio.it

義大利／弗留利 Colli Orientali
Le Due Terre

這家未經認證的有機酒莊的面積很小（僅 5 公頃），但 Le Due Terre 的葡萄酒在全球各地粉絲無數，也不讓人意外。他們唯一的白酒 Sacrisassi Bianco 是以 Friulano-Ribolla Gialla 葡萄經過 8 天的傳統浸皮法釀成。發酵過程維持在 20~22°C，葡萄酒經過輕微過濾。自然酒粉絲或許會搖頭，但多數飲酒者則相當喜歡來自對葡萄酒品質的關注遠超過時尚的這家酒莊的這種優雅而素淨的酒款。

地址：Via Roma 68/b 33040 Prepotto 電話：+39 432 713189
電郵：fortesilvana@libero.it

義大利／弗留利 Colli Orientali
Ronco Severo

天性活潑外向的 Stefano Novello 於 1999 年拋棄過去所受的傳統釀酒教育，改變釀酒風格並開始將他所有的白酒經過浸皮過程。在他設計優美的酒標上描繪著一名站在椅背上保持平衡的男孩，也代表了他所具有的冒險態度。因為風格的改變，大多數的客戶都拋棄了他。Novello 的白葡萄品種都經過 28~46 天的浸皮。Ribolla Gialla、Friulano 和 Severo Bianco 的調配酒款表現都非常出色，風格大膽但口感平衡，風格讓人想起 Dario Prinčič。葡萄園採用未經認證的有機農法。

地址：Via Ronchi 93 33040 Prepotto 電話：+39 432 713340
電郵：info@roncosevero.it

義大利／弗留利—寇里歐

Damijan Podversic

Damijan Podversic 對釀酒具有絕對的奉獻精神。他對 Gravner 在 1990 年代末期的成就印象深刻，因而在 1999 年決定拋棄他的傳統釀酒教育，開始專注釀製浸皮葡萄酒，卻因此與父親發生激烈的爭執，導致他自此被禁止進入家族釀酒廠。多年來他都在戈里齊亞跟別人一起共用一家釀酒廠。如今，Damijan 終於在他的葡萄園旁建造他夢想中的釀酒廠。對於浸皮葡萄酒，他特別警告：「浸皮可不是能釀製出好酒的主要原因。」但他口感精確、純淨的 Ribolla Gialla、Malvasia、Friulano 和 Kapjla 的調配葡萄酒，卻將浸皮技巧完美地表現出來。

地址：Via Brigata Pavia, 61 - 34170 Gorizia 電話：+ 39 0481 78217
電郵：damijan@damijanpodversic.com

義大利／弗留利—寇里歐

Dario Prinčič

如果 Gravner 的葡萄酒代表的是一種沉思的智慧，Radikon 的是革命和自由的愛，那麼 Prinčič 便是介於兩者之間。他的葡萄酒色澤深沉、充滿喜樂，讓人只想要盡情享受。他的 Ribolla Gialla（浸皮 35 天）、Jakot、Pinot Grigio 和 Trebez 調配酒款（浸皮 18~22 天）都不羞於表現，也不會過於誇張。Prinčič 於 1988 年開始種植葡萄，並在好友 Stanko Radikon 的鼓勵下於 1999 年轉為釀製浸皮白酒。如今他的兩個兒子正逐漸接管釀酒任務。

地址：Via Ossario 15, Gorizia 電話：+39 0481 532730
電郵：dario.princic@gmail.com

義大利／弗留利—寇里歐

Francesco Miklus

Mitja Miklus 優異的浸皮葡萄酒現在開始有了完全獨立的品牌。Draga 系列以主流產品為主。Miklus 系列也逐漸加大，包括 Ribolla Gialla Natural Art（浸皮 30 天）、Malvasia（浸皮 7 天）、Pinot Grigio 和（新的）Friulano 酒款。我偏好其 Ribolla。Mitja 的釀酒靈感是來自品嘗他叔叔 Franco Terpin 的葡萄酒之後，結果是 2006 年第一款 Miklus 葡萄酒的出現。這是一家值得關注的酒莊。

地址：loc. Scedina 8, 34070 San Floriano del Collio 電話：+39 329 7265005
電郵：mimiklus@gmail.com

Gravner

Joško Gravner 是現代琥珀／橘／浸皮葡萄酒運動之父。他在 1997 年勇於捨棄現代的釀酒方式，造成對義大利與全球各地葡萄酒界無法估量的影響。他在前往喬治亞之後，便開始採用陶罐作爲發酵的完美容器（2001 年），也因此讓世人得以一窺喬治亞的古老釀酒傳統，進而促使下一代的釀酒師開始探索這個古老的釀酒方式。Breg（最後一個年份是 2012 年）和 Ribolla Gialla，都是用陶罐浸泡約 6 個月後製成，經過 7 年陳年後才上市，是世界上最優異的葡萄酒之一。

地址：Localita Lenzuolo Bianco 9, 34170 Oslavia 電話：+39 0481 30882
電郵：info@gravner.it

Il Carpino

Franco 和 Ana Sosol 占地 17 公頃的酒莊與 Radikon 位於同一條路上。在此品嘗葡萄酒最棒的事，便是能夠比較將同樣的葡萄品種經過浸皮釀造或不浸皮兩者之間的不同。對那些尚未懂得欣賞琥珀色酒款的顧客，Franco 也釀造了新鮮的葡萄酒系列（Vigna Runc）。Ribolla Gialla 是在大型 botti 酒桶以 45~55 天的浸皮過程釀造，具有陳年實力與品種典型特徵。他對自己偏好哪種風格再清楚不過：「浸皮酒款對我而言才是眞正的葡萄酒，因爲我們不去干涉，而是讓葡萄表達出自己的特色。」

地址：Località Sovenza 14/A 34070 San Floriano del Collio
電話：+39 0481 884097 電郵：ilcarpino@ilcarpino.com

La Castellada

La Castellada 在 1985 年從一間小酒館演變爲一家酒莊。Giorgio "Jordi" 和 Nicolò Bensa 兩兄弟在 1980 與 1990 年代是「Gravner 集團」的成員，不過他們在採用延長浸皮理念時顯得更爲謹愼。2006 年，他們的 Ribolla Gialla 酒款進行了爲期 60 天的浸皮過程，這是奧斯拉維亞最好的酒款之一。Friulano（浸皮 4 天）和 Bianco di Castellada（浸皮 4 天）也非常出色。酒莊主要由 Nicolò 的兒子 Stefano 和 Matteo 經營，Jordi 則在當地經營一間 osmiza（小酒館）。

地址：La Castellada 1 - Località Oslavia 34170 電話：+39 0481 33670
電郵：info@laCastellada.it

義大利／弗留利─寇里歐
Paraschos

Evangelos Paraschos 於 1998 年從希臘搬遷到寇里歐。由於受到 Joško Gravner 的啓發，他不僅採用自然酒的釀造方式，還使用陶罐和浸皮方式釀酒。酒莊使用小型克里特陶罐釀製 Amphoretus 葡萄酒，表現出美妙的活力。其他酒款如優異的 Ribolla Gialla 或 Orange One cuvée 均採用現在被視爲經典的開放型木製發酵槽釀製（一如 Radikon 和其他酒莊）。自 2003 年以來，酒莊均未使用二氧化硫或任何其他添加物。

地址：Bucuie 13/a, 34070 San Floriano del Collio 電話：+39 0481 884154
電郵：paraschos99@yahoo.it

義大利／弗留利─寇里歐
Primosic

雖然 Silvan Primosic 在 1997 年已實驗性地釀製一款浸皮的 Pinot Grigio（可惜實驗失敗，大多數顧客都把酒給退回），但一直要到 2007 年他的兒子 Marko 才釀製出眞正的浸皮 Ribolla Gialla，如今年年生產。Primosic 家族一直是寇里歐地區的核心人物：Silvan 在 1967 年上市了這個剛成立的 DOC 的第一瓶酒，Marko 則是成立 Associazione Produttori Ribolla di Oslavia（與 Saša Radikon 一起）的幕後推手，該協會旨在推廣奧斯拉維亞在種植 Ribolla Gialla 所擁有的特殊產區風土。

地址：Madonnina d'Oslavia 3, 34170 – Oslavia 電話：+39 0481 53 51 53
電郵：info@primosic.com

義大利／弗留利─寇里歐
Radikon

在釀造了 36 個年份的葡萄酒後，Stanko Radikon 自此安息，之後由兒子 Saša 接手酒莊，繼續開創美好未來。自從 1995 年靈光一現而開始酒莊的第一款浸皮酒款後，他們一直專注於橘酒的釀造。Oslavje Blend、Ribolla Gialla 和 Friulano（均經 3 個月的浸皮過程製成）自 2002 年以來都沒有添加二氧化硫，因爲當時 Stanko 意識到經過長時間浸皮製造的葡萄酒具有穩定性，不需要二氧化硫。Slatnik 和 Pinot Grigio（經 1~2 週的浸皮）由 Saša 推出，是相對於老 Radikon 的輕鬆風格。

地址：Località Tre Buchi, n. 4 34071 – Gorizia 電話：+39 0481 32804
電郵：sasa@radikon.it

義大利／弗留利—寇里歐
Terpin

Franco Terpin 的葡萄酒毫不做作。葡萄種植在 San Floriano del Collio 周圍脆弱的 ponca 土壤上，並以如今被視爲經典的寇里歐風格生產：在開放型橡木桶中經過大約 1 週的浸皮過程，接著在大型 botti 木桶中進一步陳年，之後等到適飲時才上市，通常在 10 年以內。Quinto Quarto 系列採用較短的浸皮過程（3 天）製成，相當物超所值。Franco 於 1996 年開始釀酒上市，但直到 2005 年才轉向浸皮葡萄酒風格。

地址：Localita Valerisce 6/A San Floriano del Collio, 34070 電話：N/A
電郵：francoterpin@vergilio.it

 義大利／弗留利伊松索、Colli Orientali 與寇里歐
Bressan Maistri Vinai

Bressan 家族在此區釀酒已經超過九代。葡萄來自弗留利三個區域：伊松索、Colli Orientali 和寇里歐。根據年份的不同，三款白葡萄酒（Carat 調配酒款、口感干而豐富的 Verduzzo 和 Pinot Grigio）都經過 2~4 週的浸皮時間。Nereo Bressan（現在已經超過 80 歲了）在他的兒子 Fulvio 於 1995 年接任之前並沒有採用浸皮釀酒法。有些人可能會覺得現任莊主是個具有爭議性的人物，但不管如何，酒莊的葡萄酒的絕妙程度是無庸置疑的。

地址：Via Conti Zoppini 35 34072 Farra d'Isonzo 電話：+39 0481 888 131
電郵：info@bressanwines.com

 義大利／卡爾索
Skerk

說話總是輕聲細語的 Sandi Skerk，一直是卡爾索釀造自然酒的重要推力。他從 2000 年開始回歸於更傳統的葡萄園管理和釀造方式。他的原始石窖，將卡爾索的岩石裂縫化身爲建築特徵，並在此釀造了令人驚嘆的 Vitovska、Malvasia、Sauvignon Blanc 和 Pinot Grigio。Ograde 調配酒款（混釀四種葡萄）表現十分出色。葡萄酒多經過 1 週的浸皮時間，即使不是橘酒粉絲，也都會喜歡這些優雅而均衡的葡萄酒。葡萄藤多半採用 alberello 整枝法（譯註：修剪成小樹型）；葡萄園具有機認證。

地址：Loc. Prepotto, 2034011 Duino Aurisina 電話：+39 040 200156
電郵：info@skerk.com

義大利／卡爾索

Skerlj

這家位於風景如田園詩畫般的酒莊，是在二次世界大戰後從一個不起眼的 osmiza（小酒館）發展到如今成為一家住宿農莊。Matej Skerlj 在 2004 年決定開始將葡萄酒上市（但他們從幾代以前便以開始釀酒供酒館客人消費）。他們從 Benjamin Zidarich 那裡獲取靈感，開始將浸皮的時間拉長（過去通常為 2~3 天），同時也開始對釀酒過程減少人工干預。他的 Vitovska 經過 3 週的浸皮時間，表現出此品種極其芳香而優雅的特色，Malvasia 也相當優異。酒莊的某些葡萄藤仍然是以高架整枝。

地址：Sales, 44 – 34010 Sgonico 電話：+39 040 229253
電郵：info@agriturismoskerlj.com

 義大利／卡爾索

Vodopivec

如果世上有其他的 Vitovska 比 Paolo Vodopivec 所釀造的更美妙，那麼我還沒嘗過。Vodopivec 採用的是一種極簡主義，完全專注於卡爾索的原生品種。部分酒款是在喬治亞陶罐中釀造（自 2005 年以來），其他則於大型 botti 木桶。他採用的是長達 1 年的浸皮過程，酒款呈現出令人難以置信的精緻和優雅度。低調的 Vodopivec 並不覺得他的葡萄酒適合稱作橘酒或琥珀色的酒，但是浸皮過程確實是酒莊釀造時的關鍵因素。

地址：Località Colludrozza, 4 - 34010 Sgonico 電話：+39 040 229181
電郵：vodopivec@vodopivec.it

 義大利／卡爾索

Zidarich

Benjamin Zidarich 從難以穿透的卡爾索石灰岩中，建造出卡爾索最具戲劇性的酒窖之一（2009 年完工）。他擁有 8 公頃以生物動力法種植的葡萄園，白葡萄品種在開放型木製發酵槽經過約 2 週或更長時間的浸皮過程。Zidarich 還生產一款在特別設計的石槽（當然是從當地的岩石中鑿成）中釀造與陳年的葡萄酒。他的 Vitovska 和 Pruhlke 調配酒款都以豐富、辛辣而具礦物風味的特性而被大力推薦。

地址：Prepotto, 23 Duino Aurisina – Trieste 電話：+39 040 201223
電郵：info@zidarich.it

義大利／托斯卡尼

Colombaia

托斯卡尼產區對自然酒和橘酒的釀造如今依舊慢一步，因此 Colombaia 酒莊的存在令人欣喜。Dante Lomazzi 和 Helena Variara 的 Colombaia Bianco 在一些年份有著絕佳的表現（這是該酒莊唯一的白酒）。使用 Trebbiano 和 Malvasia 混釀而成，經過 4 個月的浸皮，這可以很好地證明：一旦經過浸皮，原本不起眼的 Trebbiano 如何得以展現出隱藏的深度。只需加入一小撮二氧化硫，應能提高酒莊某些葡萄酒的持久力。

地址：Mensanello, 24 Colle Val d'Elsa, 53034-Siena 電話：+39 393 36 23 742
電郵：info@colombaia.it

 義大利／托斯卡尼

Massa Vecchia

自 2009 年從父母手中接下酒莊後便由 Francesca Sfrondrini 經營。雖然座落在多山的馬雷瑪（Maremma），但這裡可沒有口感飽滿豐富的超級托斯卡尼葡萄酒。由 Vermentino、Malvasia di Candia 和 Trebbiano 混釀而成的美味白酒（或橘酒），在開放型的橡木桶和栗子桶中浸皮 2~3 週。酒款充滿香草和堅果的複雜度，但也具有絕佳的細緻度和新鮮感。葡萄藤使用未經認證的有機和生物動力法種植。

地址：Loc. Massa Vecchia, 58024 Massa Marittima GR Grosseto
電話：+39 566 904031 電郵：az.agr.massavecchia@gmail.com

 義大利／艾米里亞—羅馬涅

Cà de Noci

Giovanni 與 Alberto Masini 兩兄弟於 1993 年開始將他們 7 公頃的葡萄園轉變爲有機農法，不久後也離開當地的釀酒合作社。Notte di Luna 是浸皮葡萄酒世界中低調的經典之作，由 Malvasia de Candia、Moscato Giallo 和 Spergola（最珍貴的 Lambrusco 葡萄品種之一），經過 10 天的浸皮過程。他們的氣泡酒 Querciole 也經過幾天的浸皮時間。

地址：Via Fratelli Bandiera 1/2 località Vendina, 42020 Quattro Castella
電話：+39 335 8355511 電郵：info@cadenoci.it

義大利／艾米里亞—羅馬涅

Denavolo

當 Giulio Armani 不在 La Stoppa 釀酒時，他也以 Denavolo 品牌釀造自己的葡萄酒，擁有三款浸皮時間不一的酒款：Dinavolo（6 個月的浸皮）、Denavolino（葡萄來自 Denavolino 葡萄園的較低部分，其他釀製法則相同）以及 Catavela（經 7 天浸皮）。所有的調配酒款都是以 Malvasia di Candia Aromatica、Marsanne 和 Ortrugo 為主的混釀。風格讓人想起 La Stoppa 的 Ageno 所具有的濃郁、豐富與飽滿的質地。

地址：Loc. Gattavera - Denavolo 29020 Travo PC 電話：+39 335 6480766
電郵：denavolo@gmail.com

義大利／艾米里亞—羅馬涅

La Stoppa

Ageno，一位來自 La Stoppa 酒莊最初的擁有者（一位律師）的名字，這款酒已成為浸皮葡萄酒世界的經典之作。酒莊如今由 Elena Pantaleoni 掌管。以 Malvasia di Candia、Ortrugo 和 Trebbiano 三品種混釀，經過 30 天的浸皮過程，呈現出口風格大膽、色澤深沉而多單寧的豐富橘酒。有些年份在揮發性與酒香酵母氣息較為明顯，有些則較為純淨，但口感總是美味無比。釀酒師是 Giulio Armani（另見 Denavolo）。

地址：Loc. Ancarano di Rivergaro 29029 PC 電話：(+39) 0523 958159
電郵：info@lastoppa.it

義大利／艾米里亞—羅馬涅

Podere Pradarolo

Alberto Carretti 和 Claudia Iannelli 從過去的工業生涯一轉而成帕馬（Parma）附近的有機酒農。Vej（浸皮 60 天）及其氣泡酒版本 Vej Brut 將 Malvasia di Candia 的豐富芳香表現至極。Vej Bianco Antico Metodo Classico 2014 是一款以傳統法釀造的獨特氣泡酒，經過 270 天的浸皮，是一款極端但非常令人愉悅的葡萄酒。由於不添加二氧化硫，我發現有些年份不免有點問題。

地址：Via Serravalle 80 43040 Varano De' Melegari 電話：+39 0525 552027
電郵：info@poderepradarolo.com

義大利／艾米里亞—羅馬涅
Tenuta Croci

Massimiliano Croci 至少是家族第三代釀製浸皮、天然發酵的傳統艾米里亞—羅馬涅風格的葡萄酒。Campedello、Lubigo 與 Valtolla 都是美味的微氣泡酒款，充分表現出當地品種，如 Malvasia di Candia 和 Ortrugo 的風味。浸皮時間爲 10~30天。

地址：43040 Varano De' Melegari 電話：+39 0523 803321
電郵：croci@vinicroci.com

義大利／艾米里亞—羅馬涅
Vino del Poggio

因來自 La Stoppa 釀酒師 Giulio Armani 的啓發，Andrea Cervini 開始將葡萄酒裝瓶上市。他將酒莊的白酒（以 Malvasia di Candia 爲主的調配酒款）的浸皮時間拉長，遠超過當地大多數的生產者，有時長達 12 個月。Vino del Poggio Bianco濃郁、複雜、味道豐富。雖稱做 Bianco（白酒），這酒可一點都不白！酒莊還提供農莊住宿與一流的美食。

地址：Località Poggio Superiore, 29020 Statto, Travo 電話：+39.328.3019720
電郵：info@poggioagriturismo.com

義大利／翁布里亞
Paolo Bea

Paolo Bea 最初是以釀製優異的 Sagrantino 聞名，但他的兒子 Giampiero（現在負責釀酒）如今也釀製了兩款浸皮白酒。Arboretus 是以 100% TrebbianoSpoletino 釀製、具有豐富的香草香氣的酒款，新鮮而優雅，但也具有深度和廣度。Giampiero 過去是建築師，這家於 2006 年建造，設計令人驚嘆的酒莊出自他手。我對酒莊的唯一抱怨是葡萄酒相較之下數量也太少了！ Bea 還爲附近的西妥會修道院釀製兩款葡萄酒（參見 Monastero Suore Cistercensi）。

地址：Località Cerrete, 8, 06036 Cerrete 電話：+39 742 378128
電郵：info@paolobea.com

義大利／馬給
La Distesa

Dottori 在西班牙和加拿大長大，之後在米蘭擔任股票交易員。1999 年，他和妻子 Valeria 決定縮減開支，回到馬給（Marche），經營他祖父買下的葡萄園。Nur 表現出 Dottori 反骨的一面，這是一款以強調品種純度的調配浸皮酒款。它的誕生源自發現 Verdicchio 此品種並不適合延長浸皮時間。對 Gli Eremi 來說，將一部分葡萄經過幾天浸皮後開始發酵的這種做法，基本上跟馬給的山丘一樣古老。這家人也經營著一家寧靜的農莊。

地址：Via Romita 28 Cupramonatana 60034 電話：+39 0731-781230
電郵：distesa@libero.it

義大利／拉吉歐
Le Coste

Le Coste 是釀酒師夫婦 Gianmarco 和 Clementine Antonuzzi 兩人合作的酒莊。他們購買了 3 公頃的廢棄土地後，於 2004 年創建。白葡萄品種主要在 Procanico（Trebbiano 的當地無性繁殖系），加上一些 Malvasia 和 Moscato。大多數白酒都會經過 1 週的浸皮過程。風格質樸、清新、輕盈、活潑，屬於易飲型的葡萄酒。葡萄栽培採用未經認證的生物動力法。

地址：Via Piave 9, Gradoli 電話：+39 328 7926950
電郵：lecostedigradoli@hotmail.com

義大利／拉吉歐
Monastero Suore Cistercensi

這是位於羅馬附近的西妥會修道院的酒莊，葡萄園是由修女完全以手工處理（未經認證的有機農法），葡萄用來釀製兩款白酒（由 Trebbiano、Malvasia、Verdicchio 和 Grechetto 製成）。葡萄園於 1963 年種植，來自此地的葡萄酒是 80 位居住在此的修女的重要收入來源。釀酒顧問 Giampiero Bea 是過去十多年來修道院所釀製的討喜葡萄酒的幕後推手。酒款中僅有 Coenobium Ruscum（過去名為 Rusticum）延長了浸皮時間（2 週）。

地址：Monastero Trappiste Nostra Signora di S. Giuseppe via della Stazione 23
01030 - Vitorchiano 電話：+39 761 370017 電郵：info@trappistevitorchiano.org

義大利／坎佩尼亞
Cantina Giardino

Antonio 與 Daniela de Gruttola 的葡萄園裡主要是珍貴的老藤，因此他們小心翼
翼地讓這些老藤恢復生氣，再以幾乎完全不經人工干涉的方式釀造葡萄酒。所有
白葡萄品種均經過 4~10 天的浸皮，這些狂野的葡萄酒有時可能很難預測，但如果
在恰當的時期飲用，將是個絕佳的品飲經驗。有些酒款需要相當的醒酒時間，我
認爲這可能在於它們太早被釋出，這是這類酒款的常見問題。以 magnum（1.5 公
升）大瓶裝的調配白酒，是以 Coda di Volpe 和 Greco 兩品種釀製，可說是所有酒
款中最易飲的。

地址：Via Petrara 21 B 83031 Ariano Irpino 電話：+39 0825 873084
電郵：Cantinagiardino@gmail.com

義大利／坎佩尼亞
Podere Veneri Vecchio

位於 Sannio DOC 地區，Raffaello Annicchiarico 使用幾種極爲罕見的當地葡萄
品種（Grieco、Cerreto 和 Agostinella）釀製經過約 25 天浸皮過程的調配或單一
品種酒，釀造出相對精瘦的風格，但具有令人難以置信的能量和複雜度（酒精濃
度都低於 12%）。葡萄酒的釀造過程和葡萄酒本身是相當謹愼的，但偶爾出現揮
發性氣味。我的首選是近幾個年份的 Tempo dopo Tempo 和 Bella Ciao（100%
Agostinella）。

地址：Via Veneri Vecchio 1 Castelvenere, 82037 Benevento
電話：+39 335 231827 電郵：libro@venerivecchio.com

義大利／薩丁尼亞
Sa Defenza

Pietro、Paolo 和 Anna Marchi 是第一代釀酒師，儘管家族種植葡萄已有一段時間。
酒莊位於島嶼南部的多諾里（Donori），他們口感活潑的葡萄酒十分討喜，但也
面臨一道難題。Sullebucce 是以 Vermentino 釀造，經過 50 天的浸皮過程，結果
酒款柔軟而多汁。Maistru 則採用當地的「醜小鴨品種」（Nuragus），僅僅 24
小時的浸皮即可將之變成口感強烈具結構化的「野獸」。此區土壤是沙與花崗岩。
二氧化硫是唯一使用的添加劑。

地址：Via Sa Defenza 38, 09040 Donori 電話：+39 707 332815 電郵：N/A

義大利／西西里
Agricola Occhipinti

Arianna Occhipinti 是 COS 酒莊莊主 Giusto Occhipinti 的女兒，她於 2003 年也在 Vittoria 創立了自己的酒莊。酒莊唯一的白酒 SP68 非常經典，以 Moscato di Alessandria 和 Albanello 混釀，經過大約 12 天的浸皮爲酒款添加了質地與深度。Arianna 的合作夥伴 Eduardo Torres Acosta（從特內里費 Tenerife 來到酒莊獲取經驗），使用來自埃特納（Etna）的葡萄生產他自己的 Versante Nord 系列酒款，此外還釀造他的第一款浸皮發酵白酒。

地址：SP68 Vittoria-Pedalino km 3,3 - Vittoria RG　電話：+39 0932 1865519
電郵：info@agricolaocchipinti.it

義大利／西西里
Barraco

自從 2004 年接手家族葡萄園並建立自己的釀酒廠以來，Nino 以西西里島西部傳統的白葡萄品種 Grillo、Catarratto 和 Zibibbo，釀造出充滿活力、令人興奮的酒款，開始受到粉絲的狂熱追隨。所有的酒款都經過浸皮，從 3~4 天到 Zibibbo 的 2 週浸皮時間不等。唯有一小塊靠近海邊的 Grillo 葡萄園（Vignammare 酒款）沒有經過任何的浸皮過程。這些葡萄酒帶著鹹味，表現出自信而充滿生活樂趣的特性，最適合搭配新鮮的海鮮或蝦子——尤其是被熱衷釣魚的 Nino 所捕獲的。

地址：C/da Bausa snc - 91025 Marsala　電話：+39 3897955357
電郵：vinibarraco@libero.it

義大利／西西里
Cantine Barbera

2006 年在 Marilena Barbera 的父親去世後，她決定改變職涯並接手在門非（Menfi）的家族葡萄園。因爲不喜歡葡萄酒以工業方式釀造，她自 2010 年開始嘗試以較少的人工干預手法，並嘗試以浸皮方式釀造白酒。酒莊如今有三款橘酒：Coste al Vento (Grillo)、Arèmi (Catarratto) 和 Ammàno (Zibbibo)。所有酒款都是以天然發酵並經過約 1 週的浸皮。酒中充滿水果氣息、討喜同時表現出品種特色，我覺得若能再經過一年到兩年的陳年更好。

地址：Contrada Torrenova SP 79 - 92013 Menfi (AG)　電話：+39 0925 570442
電郵：info@cantinebarbera.it

義大利／西西里
Cornelissen

來自比利時的前金融交易員、登山家和名酒經紀人，怎麼會跑到西西里島的一座火山上頭釀造自然酒？ Frank Cornelissen 希望釀造沒有額外添加物的優質名酒的這個理念，促使他先造訪喬治亞，然後來到埃特納，並在 2000 年在此建立了如今已擁有膜拜酒莊地位的釀酒廠。他偏好使用 Grecanic 而非埃特納的原生品種 Carricante。（「如果我想要酸度，我吸檸檬即可。」），他在兩種調配白酒中都使用幾天的浸皮過程。葡萄酒釀造方式不斷演進。如今，西班牙陶罐已廢棄不用，改以玻璃纖維桶，而浸皮過程也從 30 天減少到約 1 週的時間。

地址：Via Canonico Zumbo, 1 Fraz. Passopisciaro Castiglione di Sicilia, 95012
電話：+39 0942 986 315 電郵：info@frankcornelissen.it

義大利／西西里
COS

當 Giambattista Cilia、Giusto Occhipinti 和 Cirino Strano 仍在上大學時，Cilia 的父親允許他們在 1980 年夏天進行實驗性的採收並釀造 1,470 瓶的葡萄酒。以這三位朋友姓的字母縮寫 COS 為名，此酒莊已成為西西里島 Cerasuolo di Vittoria（島上唯一的 DOCG）酒款的釀造基準。他們也是現代義大利使用陶罐釀酒的先驅酒莊。在造訪喬治亞以後，他們放棄使用橡木桶，改以陶罐釀酒。2000 年起，COS 開始使用 440 公升的西班牙 tinaja。Pithos Bianco 是義大利最偉大的橘酒之一，年輕時口感緊實而封閉，而一旦開放時則充滿表現力和複雜度。

地址：S.P. 3 Acate-Chiaramonte, Km. 14,300 97019 Vittoria 電話：+39 393 8572630
電郵：locanda@cosvittoria.it

紐西蘭

幾十年來，紐西蘭的葡萄酒業似乎與 Sauvignon Blanc 成了同義詞。經過許多的合併和均質化之後，令人欣慰的是它終於孕育出新一代的釀酒師，他們在釀酒工藝上開始回歸傳統，也更多樣化。從歐洲汲取的靈感使他們嘗試使用浸皮技巧。橘酒在此仍然很新，但是因著擁有冷涼的產區以及受過良好教育的釀酒社群，在橘酒的釀造上也開始表現出驚人的成就。

一如澳洲，葡萄酒的分類也相當自由。在酒標上加上諸如「skin fermented」字眼也不成問題。

紐西蘭／霍克斯灣（Hawke's Bay）
Supernatural Wine Co.

2002~2004 年間，種在 Millar Road 地區的葡萄（位於富含石灰石黏土的坡地上）表現超出預期，因此 Gregory Collinge 於 2009 年決定在該地建造一座釀酒廠。2013 年起，Sauvignon Blanc 和 Pinot Gris 酒款都是連皮發酵的，葡萄酒的品質每年也突飛猛進。Hayden Penny 從 2015 年開始接替 Gabrielle Simmers 擔任釀酒師的工作。酒款呈現出大膽而具新世界的葡萄酒風格，但同時呈現出絕佳的平衡度。酒莊如今正轉爲使用生物動力法，並且也開始嘗試不添加二氧化硫。

地址：83 Millar Road RD10 Hastings 4180 Hawke's Bay
電話：+64 875 1977 電郵：greg.collinge@icloud.com

紐西蘭／馬丁堡（Martinborough）
Cambridge Road

酒莊於 2006 年由 Lance Redgewell 及其家族購買並轉換以生物動力法耕作。多年來一直嘗試使用浸皮技巧，以微妙和輕鬆的方式強調並增加 Papillon 葡萄酒的口感。Cloudwalker 這款酒宛如是一場流動的盛宴。其 Pinot Gris 在 2015 年僅有 3 天的浸皮，但在 2016 年則經過 26 天的浸皮。葡萄酒口感細緻、清新而迷人。

地址：32 Cambridge Road Martinborough
電話：+64 306 8959 電郵：lance@cambridgeroad.co.nz

紐西蘭／坎特伯里（Canterbury）
The Hermit Ram

「最終，這些不過是各樣技術發明前的葡萄酒釀造方式。」Theo Coles 如是說。
在托斯卡尼有了釀酒經驗後，他自 2012 年開始以一座古老葡萄園的 Pinot Noir 釀
造葡萄酒。酒莊所有的紅、白葡萄田野混釀酒款都經過至少 1 個月的浸皮時間。
他混合使用開放型發酵槽和蛋型混凝土發酵槽來釀酒。他也清楚指出，浸皮僅是
一種技術，而不是最重要的元素。這些純淨、活潑的葡萄酒，將坎特伯里的崎嶇
地形景觀做出最為獨特的詮釋，並且毫不妥協。Sauvignon Blanc 的芳香氣息和精
細的結構感值得特別注意。

地址：N/A 電話：+64 27 255 1899 電郵：theo@thehermitram.com

紐西蘭／中奧塔哥
Sato Wines

兩位日本前投資銀行家 Yoshiaka 和 Kyoto Sato 轉行為釀酒師，擁有全球最優異的
自然酒釀造經驗後（例如 Pierre Fric 與 Domaine Bizot），再將兩人放到氣候日
益炎熱乾燥的中奧塔哥（Central Otago）區域，結果是釀造出具有日本式的非凡
精確度與純淨度以及布根地優雅風格的浸皮葡萄酒。他們的 Northburn Blanc 是
Chardonnay、Pinot Gris 與 Riesling 經過 20 天發酵的調配酒款，相當出色。酒莊
採用未經認證的生物動力法。

地址：N/A 電話：N/A 電郵：info@satowines.com

波蘭

在此有許多生產者開始嘗試浸皮技巧，而他們對陶罐的熱愛同樣與日俱增。截至目前爲止，葡萄酒的品質依舊不太穩定，有些酒款更是風格離奇。在這個緯度極北的國度，葡萄不成熟是經常發生的問題，而主張使用最低程度人工干預的釀酒師則不願意考慮用加糖[89]這個方式來解決問題。雜交葡萄品種在此很受歡迎，有些適合浸皮，但有些顯然完全不行。有位生產者成功釀造了兩個年份的橘酒，因此絕對值得在此一提。

波蘭／巴里奇谷
Winnica de Sas

Anna Zuber 和 Leszek "Kaukaz" Budzyński 居住在巴里奇谷（Barycz Valley）Landscape Park 的 Lower Silesia 區，專注於自然酒的釀造。他們以釀造第一批可上市銷售的波蘭陶罐葡萄酒而知名。Kvevri Milvus 是 100% Gewürztraminer，在喬治亞陶罐中經過 6~8 個月的浸皮發酵，證明酒莊是波蘭在此類酒款的釀製中所做的最大努力。如今釀酒廠已擴大到擁有八只陶罐，未來的年份絕對值得關注。酒莊採用未經認證的有機農法。

地址：Czeszyce 9A, 56-320, Krośnice 電話：+48 71 384 56 90
電郵：zuberdesas@gmail.com

---

89 在發酵中的酒液裡加入糖以便增加潛在酒精度。

葡萄牙

誰會想到在阿連特茹（Alentejo）的廣闊平原上竟然存在著具有兩千年歷史的古羅馬人陶罐釀酒傳統？這個秘密一直到葡萄酒界開始對陶土酒款為之瘋狂之前都鮮為人知。一時間，該區的酒莊意識到自己的酒窖裡堆滿了兩百年前的 talha（大型矮胖型陶罐）原來是金礦。以前這些 talha 可能被閒置或用來釀造低調地被混入其他葡萄酒中的酒款，如今則開始變為主角，而全國各地的生產者都迫切希望能買到這些陶罐。

斗羅河谷也擁有悠久的浸皮傳統，但是用在波特酒而非靜態葡萄酒。傳統上，白波特酒通常會先經腳踩踏過然後與果皮一起發酵幾天的時間，目的是達到更高的穩定性和風味。由於它們經常在木桶中進行多年的氧化陳年，因此沒有人期望它們是白色的，而它們的確也不是白色的，通常會在幾十年後呈現堅果褐色。

大多數葡萄牙釀酒師在 *curtimentas* 或浸皮發酵白酒的釀造上仍處於試驗階段，但是越來越多優異的酒款出現。talha 陶罐葡萄酒的生產仍需進行一些微調，但由於它現在已受到 Alentejo DO 的正式批准，相信在未來幾年內，這裡應該會成為喜愛伊比利半島橘酒的粉絲一個絕佳的尋寶場所。

葡萄牙／綠酒區（Vinho Verde）

Aphros

Vasco Croft 外表看起來像一位藝術學校的講師，他以相當哲學的態度對待生活，外表也有點嬉皮。他是生物動力法的擁護者，同時也是一名活躍的華德福（Waldorf）講師，酒莊所使用的生物動力法製劑都是由他自己準備的。Phaunus 葡萄酒自 2014 年以來就在美麗但沒有電的酒窖中生產。在來自阿連特茹的矮胖陶罐 talha 中釀造。Phaunus Loureiro 經過 6~8 週的浸皮，口感令人著迷，極具個性，在該地區獨樹一格。自 2004 年以來，酒莊的主流葡萄酒 Aphros 系列則是在另一個現代酒窖中生產。

地址：Rua de Agrelos, 70, Padreiro (S. Salvador), 4970-500 Arcos de Valdevez
電話：+351 935 418 457 電郵：info@aphros-wine.com

葡萄牙／斗羅區

Bago de Touriga

João Roseiro (Quinta do Infantado) 與釀酒師 Luis Soares Duarte 兩人的合作到目前爲止僅生產了一個年份（2010 年）的 Gouvyas Ambar，但這款酒可能是斗羅河上的第一款現代浸皮白色。延長浸皮過程這個技巧早就在釀製白波特酒時使用，但用在靜態酒上卻不曾見過。葡萄是在大石槽中用腳踩破，之後連皮發酵 12 天。這是一款架構宏大、口感複雜的「野獸」，現在才剛剛開始表現出其最好的狀態，並帶氧化的特色。自 2015 年以來，酒莊也釀造了更多不同的年份。

地址：Rua do Fundo do Povo 5050-343 Poiares Vila Seca de Poiares
電話：N/A 電郵：bagodetouriga@gmail.com

葡萄牙／道產區

João Tavares de Pina Wines

道產區（Dão）以釀造優雅、冷涼氣候的紅酒著稱，但在橘酒的釀造上卻十分少見。João Tavares 以 Jampal 品種爲多數的田野混釀，生產出兩個年份的 Rufia Orange（噓，小聲點，Jampal 品種在此區已不允許！）。令人遺憾的是，商業現實意味著 2016 年已經銷售一空，但其實它才剛剛開始展現出最佳狀態。截至目前爲止，2017 年並沒有給我留下深刻的印象，但是如果它的個性也像 2016 年一樣害羞，那也就不足爲奇了。

地址：uinta da Boavista 3550-057 Castelo De Penalva, Viseu
電話：+351 919 858 340 電郵：jtp@quintadaboavista.eu

葡萄牙／里斯本

Vale da Capucha

我知道像 Pedro Marques 那麼仔細、技術精湛的釀酒師很少見。自 2009 年接管家族釀酒廠以來，他從要改種何品種，以及哪個品種浸皮後有最佳效果等，都經過不屈不撓的探索和微調。Branco Especial 是以 solera 風格，使用 Alvarinho、Arinto 和 Gouveio 三品種的調配酒款，經過三年耐心的混釀與等待，終於在 2018 年裝瓶。酒款有著絕佳的表現。葡萄種植在石灰石和 kimmeridgian 黏土上，葡萄園距離里斯本（Lisbon）和大西洋沿岸僅幾公里遠。

地址：argo Eng⁰ António Batalha Reis 2 2565-781 Turcifal
電話：+351 912 302 289 電郵：pedro.marques@valedacapucha.com

葡萄牙／特茹（Tejo）

Humus Wines

在 Rodrigo Filipe 古老的酒莊家族 Quinta do Paço 占地 9 公頃的葡萄園中有個問題：他們沒有白葡萄品種。Curtimenta 酒款的創意在於使用 80% 的 Touriga Nacional，釀造成黑中白（blanc de noir），再加上 20% 的 Sauvignon 與 Arinto 一起浸皮發酵。這結果令人著迷無比：3 個月的浸皮過程為酒款提供了令人印象深刻的香氣、深度和架構，但同時呈現出新鮮、討喜的水果香氣。他計劃從 2017 年開始增加更多的橘酒，是家值得關注的酒莊。

地址：Encosta da Quinta, Lda, Quinta do Paço, 2500-346 Alvorninha
電話：+351 917 276 053 電郵：humuswines@gmail.com

葡萄牙／阿連特茹

Herdade de São Miguel

這家大型釀酒廠附屬於 Casa Relvas 集團，在其精品酒款 Art Terra 系列中有兩款浸皮葡萄酒。Amphora Branco 也許是我在該區品嘗到最令人信服的 Talha Branco 酒款。經過大約 60 天的浸皮過程，這款酒充滿各式香草、泥土的氣味，帶著複雜度和討喜的結構感。相較之下，經過 8 天浸皮過程的 Art Terra Curtimenta 感覺相對平淡。大家應該會對酒莊的搭配建議很有感覺：「乾果、伊比利亞 tapas 和有趣的談天說地。」

地址：Apartado 60 7170-999 Redondo 電話：+351 266 988 034
電郵：info@herdadesaomiguel.com

葡萄牙／阿連特茹

José de Sousa (José Maria da Fonseca)

成立於 1868 年的這家釀酒廠，擁有 114 只仍在使用中的古董級 talha 陶罐。並非所有的釀酒師都迷戀這種需要認真維護的陶罐，但是如今陶罐釀酒當道，因此這個酒窖變得宛如金庫。talha 葡萄酒開始變為常規生產的一部分，但是新的 Puro Talha 系列則依舊展現出樸質的風格。Talha Branco 的發酵不受控制，浸皮時間大約 2 個月。陶罐最後是用橄欖油密封，釀造出具有氧化氣息、複雜，宛如 fino 雪莉酒一般的新鮮感。

地址：Quinta da Bassaqueira – Estrada Nacional 10, 2925-511 Vila Nogueira de Azeitão, Setúbal 電話：+351 266 502 729 電郵：josedesousa@jmfonseca.pt

葡萄牙／阿加夫（Algarve）

Monte da Casteleja

Guillame Leroux 有一半法國、一半葡萄牙的血統，他希望將有區域特色與純正性的葡萄酒帶到一個並非以優質葡萄酒出名的產區。他的 Branco 僅採用傳統的葡萄品種，經過 10 天的浸皮過程，也用了葡萄梗，表現相當成功。Leroux 將酒款的酒體與緊實的結構表現無遺，但又不缺乏新鮮度或水果味。儘管釀酒廠成立於 2000 年，但 Branco 是自 2013 年以來才開始採用這種風格製作。Leroux 是在蒙佩利爾（Montpellier）學習釀酒。

地址：Cx Postal 3002-I, 8600-317 Lagos 電話：+351 282 798 408
電郵：admin@montecasteleja.com

斯洛伐克

捷克斯洛伐克的分裂在 1990 年代中期嚴重破壞了此區的葡萄酒業，但目前復甦的狀況良好。嚴酷的大陸性氣候意味著葡萄要能成熟是項艱困的工作。與捷克和波蘭一樣，除了常年種植的 Grüner Veltliner 和 Welschriesling 外，抗病雜交種和混合品種也很受歡迎。在 Strekov 村有一群年輕的釀酒師，他們是浸皮白酒的先驅。或許不是所有人都懂得欣賞這類具有極端草本芳香特性的酒款，但這類葡萄酒絕對是我的菜。自然酒釀酒師的數量不斷增加這點讓人欣喜，此區未來十年的發展值得關注。

斯洛伐克／Lesser Carpathians

Živé Víno

第一代釀酒師 Dusan 和 Andrej 的新計畫顯示出無窮潛力。兩人目前在花崗岩基岩上擁有 2 公頃葡萄園。他們的酒款包括 Blanc（浸皮 10 天）和 Oranž（浸皮 14 天），不啻為一個很好的分類方式！後者融合了 Welschriesling、Traminer 和 Grüner Veltliner，表現非常出色。Živé Vína 是他們的線上商店，也銷售其他當地生產者的葡萄酒。

地址：Prostredná 31 900 21 Svätý Jur 電話：+421 903 253 929
電郵：info@zivevino.sk

斯洛伐克／尼特拉（Nitra）

Slobodné Vinárstvo

Agnes Lovecka 及其團隊復興了 Majer Zemianske Sady 這家歷史悠久的酒莊，該酒莊於 1992 年斯洛伐克從捷克斯洛伐克分離後便遭到廢棄。自 2010 年以來生產了多種自然酒，包括許多橘酒。我最喜歡的兩款是 Oranzista（100% Pinot Gris）和 Deviner（Devin、Grüner Veltliner 和 Traminer），兩者都具有令人愉悅的草本植物香氣。爲了釀製 2014 年份酒款 Cutis Pyramid，他們購買了兩只陶罐，此外也投資了西班牙和托斯卡尼的陶罐。

地址：Hlavná 56 Zemianske Sady 電話：+421 907 100030
電郵：vinari@slobodnevinarstvo.sk

斯洛伐克／南斯洛伐克（South Slovak）

Strekov 1075

Strekov 1075 的 Heion 是斯洛伐克雖小但熱情而且快速成長的橘酒市場的指標性酒款之一，它是由 Welschriesling 製成，經過大約 2 週的浸皮時間，具有該國獨特的豐富水果氣息，且結構出色。Zsolt Sütó 的酒莊取了與當地村莊同樣的名字，這再恰當不過，因爲此地正是斯洛伐克的酒鄉重鎮。

地址：Hlavná ul. č. 1075 941 37 Strekov 電話：+421 905 649 615
電郵：info@strekov1075.sk

斯洛維尼亞

毫無疑問，斯洛維尼亞是橘酒釀造的重鎮，擁有許多獨立、家族經營的酒莊，其中許多致力於生產浸皮白酒。諷刺的是，許多斯洛維尼亞本地的客戶仍然迴避這類風格的葡萄酒，但世界其他的人們卻因此獲益。

葛利許卡—巴達擁有最多的頂級釀酒師，他們擅長釀造 Rebula（Ribolla Gialla 的斯洛維尼亞名稱）；但 Vipava 區也不落人後。Karst 和 Slovenian Istra 是美麗的產區，值得人們更多的關注，兩者都釀造出極佳的葡萄酒。截至目前為止，自然酒或橘酒愛好者在該國東部地區可能還找不到許多的葡萄酒，但這無疑將有所改變。

斯洛維尼亞已開始意識到自己的浸皮白酒傳統具有商業利益，雖然其葡萄酒業以前因為共產主義時代的統一政策因此品質變得十分平庸，但如今正開始復興。在該國幾場熱鬧的葡萄酒活動中都可以找到證據，包括每年 4 月在美麗的海濱小鎮伊佐拉舉行的橘酒節、將義大利和斯洛維尼亞的葡萄酒農聚集在一起的 Border Wine 活動，以及布爾達（Brda）旅遊局每年舉辦的 Rebula 大師班等。

斯洛維尼亞／巴達

Atelier Kramar

Matjaž Kramar 是 Hiša Franko 的侍酒師兼老闆之一的 Valter Kramar 的兄弟。這家占地 5 公頃的酒莊（建於 2004 年）的吸引力部分來自設計優雅、極簡主義風格的酒標。Matjaž 和 Katja Distelbarth 夫妻兩人的背景是藝術，因此酒莊以 Atelier（畫室）為名。他們從 2014 年開始釀造浸皮白酒，他們的 Rebula（浸皮時間為 3~5 天）顯示出該品種鮮明的特色和結構感；Friulano 則相對沒有那麼成功。

地址：Barbana 12 5212 Dobrovo **電話**：+386 313 91575 **電郵**：info@aier-kramar.si

Blažič

Borut 和 Simona Blažič 在這家因第二次世界大戰後的新邊界而遭分割的酒莊，釀製出美味而典型的浸皮葡萄酒。可別將它們與在義大利科蒙斯（Cormons）生產傳統葡萄酒的 Zegla 酒莊給搞混了。酒莊的酒標難得地相當清楚，黑色酒標的葡萄酒經過浸皮，頂部和底部帶有橘色條紋的則來自頂級葡萄園。酒莊的 Rebula 非常出色；Blaž Belo 調配白酒也非常優異。

地址：Plešivo 30, 5212 Dobrovo 電話：+386 530 45445 電郵：vina.blazic@siol.net

斯洛維尼亞／巴達

Brandulin

這家小酒莊（5 公頃）在哥里加（Gorizia）附近橫跨義大利邊境。Boris Brandulin 於 1994 年開始將葡萄酒裝瓶銷售（過去是將葡萄出售給巴達當地的葡萄酒合作社），2000 年開始將白葡萄品種經過更長的浸皮過程。Rebula 如今浸皮達 3 週，調配白酒（Belo）也以類似的方式釀製。這些酒款是巴達橘酒的傑出典範，實在應更廣爲人知才對。

地址：Plešivo 4 5212 Dobrovo v Brdih 電話：+386 5 3042139
電郵：brandulin@amis.net

斯洛維尼亞／巴達

Erzetič

這家歷史悠久的家族酒莊對陶罐的使用充滿熱情，2007 年他們遷至更大的釀酒廠，進而建造了一個小型陶罐酒窖，以便用來生產多種不同的葡萄酒。橘酒包括 Pinot Gris 和調配白酒（Rebula 與一點 Pinot Blanc）。過去以陶罐形狀的酒瓶裝酒看似個好主意，但或許是時候放棄了吧！他們還生產許多傳統的葡萄酒，也採用一般常見的酒瓶裝瓶。

地址：Višnjevik 25a Dobrovo 電話：+386 516 43114
電郵：martin.erzetic@gmail.com

斯洛維尼亞／巴達

Kabaj

巴黎人 Jean Michel Morel 於 1989 年因結婚進入 Kabaj 家族，自 1993 年以來一直主導酒莊的釀酒事務。過去他曾在弗留利享有盛譽的 Borgo Conventi 工作。酒莊優異的 Rebula 在大型橡木桶中經過 30 天浸皮，其他多數葡萄酒則是在不鏽鋼桶中經過較短的浸皮時間。自 2005 年以來，Morel 也釀造了 Anfora 調配白酒，在大型喬治亞陶罐中發酵和陳年，並經過長時間到陳年後才上市。酒莊還經營一家餐廳並提供住宿。

地址：Šlovrenc 4 5212 Dobrovo 電話：+386 539 59560
電郵：kabaj.morel@siol.net

斯洛維尼亞／巴達

Klinec

這家歷史悠久的釀酒廠和餐廳高踞在 Medana 村的巴達山丘上。Aleks Klinec 在 2005 年決定專注於浸皮白酒（加上一些紅酒）的釀造。儘管「失去了整個斯洛維尼亞市場」，但對他來說「浸皮白酒是更真實純正且將產區風土傳遞得更好」。葡萄酒在橡木、洋槐、桑樹或櫻桃木中度過 3 年的時間，再換桶至不鏽鋼桶中，最後才裝瓶。酒款的口感精確、純淨，相當出色。Ortodox 混調酒款更是上上之作。酒莊採用未經認證的生物動力法。

地址：Medana 20, 5212 Dobrovo v Brdih 電話：+386 539 59409
電郵：klinec@klinec.si

斯洛維尼亞／巴達

Kmetija Štekar

入住 Janko Štekar 和 Tamara Lukman 在巴達山區的農莊，是了解他們對農業和釀酒整體態度的最佳方式。他們的葡萄酒以簡單、自然的方式釀造，二氧化硫的添加時有時無。Rebula 通常表現出色，多經過 1 月的浸皮。必須特別提及的是 RePiko，這是一款出色的浸皮 Riesling。Janko 提到：「到了某個時候，你必須決定是否要爲跟自己喜歡一樣風格酒款的人釀酒，還是只是爲了滿足市場需求。」顯然他是爲了前者。

地址：Snežatno 31a, 5211 Kojsko 電話：+386 530 46210
電郵：janko@kmetijastekar.si

斯洛維尼亞／巴達
Marjan Simčič

Marjan Simčič 的 18 公頃葡萄園位於 Movia 釀酒廠的轉彎對面，同樣被義大利和斯洛維尼亞的邊界所分割。Marjan 是第五代釀酒師，卻是第一個自 1988 年開始裝瓶上市。酒莊生產各種葡萄酒，從清淡、新鮮的酒款，到 Selection 系列（其中有些經過浸皮過程），到 2008 年推出的特級 Opoka 葡萄酒。經過幾天浸皮過程的 Rebula 是當中表現最好的。

地址：Ceglo 3b 5212 Dobrovo 電話：+386 5 39 59 200 電郵：info@simcic.si

 斯洛維尼亞／巴達
Movia

有時人們會懷疑躁動而熱情的 Aleš Kristančič 到底是一位天才還是一個瘋子。不過，一旦當你品嘗他的葡萄酒時，你對他的天才則毫無疑問。Movia 是家古老的酒莊，現在共有 22 座跨越邊境的葡萄園。Aleš 是第八代釀酒師。Lunar 系列酒款是根據月相進行採收和裝瓶，並且不添加二氧化硫，令人印象深刻，並且最好在陳年十年以上後享用。風格較爲清新的酒款是結合了不尋常的長時間浸皮和溫度控制，成功保留年輕的芳香，同樣非常出色。

地址：Ceglo 18 5212 Dobrovo 電話：+386 5 395 95 10 電郵：movia@siol.net

 斯洛維尼亞／巴達
Nando

這是另一家跨越境邊的酒莊，技術上來說，這座占地 5.5 公頃的葡萄園多數都在義大利。Andrej Kristančič 以未經認證的有機耕作方式，他所有的葡萄酒都是以不經人工干預的方式釀造的，發酵是自發性且無經過濾。藍色酒標的酒款以不鏽鋼桶釀製，並在年輕時上市。黑色酒標的酒款則經過長時間的浸皮（Rebula 的浸皮時間長達 40 天），然後在 500 公升的斯拉夫尼亞橡木桶中陳年。這些是巴達橘酒的典型代表。

地址：Plešivo 20, Medana, 5212 Dobrovo 電話：+386 40 799 471
電郵：nando@amis.net

斯洛維尼亞／巴達

Sčurek

儘管這家酒莊的重點不在橘酒，但它們的 Rebula（用來作爲兩種不同的調配酒款）總是經過浸皮或使用整串在木桶中釀製。後者特別有趣，因爲帶著浸皮的特色，但萃取程度遠低於這個多單寧的品種所會顯現的。這家酒莊極具參觀價值，不僅因爲優越的山頂位置，而且這裡也常作爲本地藝術家的臨時美術館。

地址：Plešivo 44, Medana, 5212 Dobrovo 電話：+ 386 530 4021
電郵：scurek.stojan@siol.net

斯洛維尼亞／巴達

Štekar

釀酒師 Jure 是 Janko Štekar 的侄子，他的葡萄酒也貼上 Štekar 的酒標，使得消費者容易搞混。所幸，無論買到的是哪家的酒，品質都很棒。Jure 於 2012 年從父親 Roman 手中接管酒莊，並在電視約會節目《愛在鄉村》（*Ljubezen na deželi*）中露面後短暫地小有名氣。那時的愛情並沒有開花結果，但是年輕的 Štekar 現在結婚了。他浸皮 1 週的 Friulano 我很推薦。浸皮 6 個月的 Rebula Filip 是獻給他兒子的作品，也相當優異。

地址：Snežatno 26a, 5211 Kojsko 電話：+386 530 46540 電郵：stekar@siol.net

斯洛維尼亞／巴達

UOU

Marinko Pintar 擁有一批卡車車隊，但現在呈現半退休狀態，他將自己的熱情灌注於延續斯洛維尼亞的浸皮葡萄酒傳統。Pintar 在他年邁的媽媽位於 Nova Gorizian 住所的後花園經營一個小酒窖，每年生產大約 1,000 瓶優異而典型的浸皮葡萄酒，主要以 Rebula 和 Malvazija 釀造。UOU 屬於「廢棄葡萄園聯盟」一員，這是由 Marinko 和朋友一起組成的團體，目的在於找尋被遺忘的土地、追蹤年老或體弱的葡萄園所有者，從那裡獲得採收和釀酒的許可。他的葡萄酒從未出售，僅用來贈與朋友和家人。

地址：N/A 電話：N/A 電郵：marinko@pintarsped.si

斯洛維尼亞／ Vipava

Batič

Ivan Batič 在 1970 年代以挨家挨戶地方式出售葡萄酒，奠定如今這家重要酒莊的
基礎。他魅力十足的兒子 Miha 現在接手酒莊的經營，並於 1989 年進行重大變革。
葡萄園改種傳統品種，並以低人工干預的方式來釀酒。Ivan 的酒友 Radikon、
Gravner 和 Edi Kante 肯定對此有些影響。大多數白酒都經過一段時間的浸皮。老
年份的 Zaria 和 Angel 酒款的浸皮時間最長可達 35 天。我最偏好混合了七種不同
品種的 Zaria，在它呈現最佳表現時，這是一款生氣盎然的葡萄酒，擁有豐富的複
雜度、絕佳的架構與純淨易飲的口感。

地址：Šempas 130, 5261 Šempas 電話：+386 5 3088 676
電郵：baticmiha@gmail.com

斯洛維尼亞／ Vipava

Burja

Primož Lavrenčič 最初與他的兄弟在家族的 Sutor 酒莊一起合作，但在 2001 年離
開成立了 Burja。Lavrenčič 說自己是「活在 19 世紀」，意思是他所做的一切都是
採用古老的手法。（嗯，應該說「幾乎」所有的一切。）他在新建的釀酒廠中放
入越來越多自己偏好的蛋型混凝土發酵槽。Burja 調配酒款（浸皮 7 天）每個年份
的表現都很不錯，但是他的新款 Stranice 單一葡萄園酒款的表現則更上一層樓（僅
在混凝土發酵槽中浸皮 12 天），表現出辛辣卻又優雅的格調。

地址：Podgrič 12 5272 Podnanos 電話：+386 41 363 272 電郵：burja@amis.net

斯洛維尼亞／ Vipava

Guerila

這家優異的酒莊專注使用當地原生葡萄品種，包括 Pinela 和 Zelen，兩者均僅
有 1 天的浸皮過程。兩款都是絕佳的葡萄酒，但爲了回到主題，讓我們來談談
Rebula，浸皮長達 14 天，呈現出此品種的單寧結構、蜂蜜氣息與優雅的特性。
Retro 調配酒款採用 Rebula、Zelen、Pinela 和 Malvasia，經過 4 天的浸皮。
Zmago Petrič 於 2005 年創立了 Guerila 品牌，儘管該家族的釀酒歷史相當悠久。
酒標設計大膽而特殊。

地址：Zmagoslav Petrič Planina 111 5270 Ajdovščina 電話：+386 516 60265
電郵：martin.gruzovin@petric.si

斯洛維尼亞／ Vipava

JNK

才華橫溢的 Kristina Mervic 從父親 Ivan 手中接管了離 Batič 僅一箭之遙的這家小型酒莊（年產量 8,000~10,000 瓶）。她恢復了祖父和曾祖父時代使用的傳統浸皮葡萄酒風格（酒莊曾在 1990 年代後期短暫生產了一般的白酒）。Rebula（浸皮 2週）和 Chardonnay（浸皮 4 天）表現出色，複雜而優雅。Kristina 在葡萄酒年齡達到 5~10 年間才會將葡萄酒上市。她說：「這樣葡萄酒才會處於最佳狀態並表現出自然的品種特性。」

地址：Šempas 57/c 5261 Šempas 電話：+386 530 8693 電郵：info@jnk.si

斯洛維尼亞／ Vipava

Mlečnik

極簡是 Valter Mlečnik 的釀酒哲學。1980 年代末和 1990 年代初期，在 Joško Gravner 的密切指導下，他重新發現了傳統的釀酒技術和白酒的浸皮工藝。Mlečnik 和他的兒子 Klemen 一直謹慎地遵循 Vipava 地區的傳統，因此浸皮的時間相當少（3~6 天）。自 2015 年以來，簡單的籃式壓榨機是釀酒廠唯一使用的機械。Ana Cuvée 酒款是浸皮葡萄酒中優雅、低調和絕美的傑作。

地址：Bukovica 31, 5293 Volčja Draga 電話：+386 5 395 53 23
電郵：v.mlecnik@gmail.com

斯洛維尼亞／ Vipava

Slavček

這家 10 公頃的酒莊受到 Dario Prinčič 等人的好評，是內行人才會知道的。Franc Vodopivec 在國際上的知名度不如在義大利喀斯特地區一般響亮，但是他的 Rebula（浸皮 5 天）具有新鮮、奶油般的質地與魅力，與多數巴達酒款風格相當不同。酒莊經 Triple A 自然酒釀酒師的認證。

地址：Potok pri Dornberku 29 5294 Dornberk 電話：+386 5 30 18 745
電郵：kmetija@slavcek.si

斯洛維尼亞／Vipava
Svetlik

Edvard Svetlik 對他們僅用一種葡萄品種釀造的解釋是：「我們在 2000 年種植了
第一座葡萄園。在 2005 年，我們開始生產浸皮葡萄酒。當時我們就決定專注使
用 Rebula，因爲當我們對它的了解越多，就越相信此品種是浸皮葡萄酒之冠。」
Svetlik 原本將酒款以他的一座葡萄園 Grace 命名。酒款在整個發酵過程中都與葡
萄皮接觸，整個過程通常需要兩個星期左右。Rebula Selection 是在 500 公升的
橡木桶中進行更長時間的陳年，表現出色，但是某些年份的橡木氣息則過於明顯。

地址：Posestvo Svetlik, Kamnje 42b, 5263 Dobravlje 電話：+386 5 37 25 100
電郵：edvard@svetlik-wine.com

 **斯洛維尼亞**／喀斯特
Čotar

看起來高深莫測的 Branko 和他的兒子 Vasja Čotar 在浸皮白酒的釀造上據說
有著極長的歷史，可追溯到 1974 年，也是 Branko 開始釀酒的那一年。一開始
葡萄酒僅是爲了他們經營的餐廳而釀造的，到了 1997 年則成爲他們的主要業
務。Vitovska 口感緊澀並帶著燧石氣息，將此當地品種的特色完全表現出來。
Malvazija 的口感通常較爲圓潤，但能優雅地陳年約 10~15 年。葡萄酒是在不添加
任何二氧化硫的情況下製成的，多半經過大約 7 天的浸皮時間。

地址：Gorjansko 4a, Si-6223 Komen 電話：+386 41 870 274
電郵：vasjacot@amis.net

 斯洛維尼亞／喀斯特
Klabjan

我實在不了解，爲何像 Uroš Klabjan 如此和藹可親的人在全球的知名度如此之低。
他在斯洛維尼亞喀斯特石質山坡上釀造出風格純淨的 Malvazijas，堪稱世界一流，
表明了只要方法正確，長時間的浸皮不僅能使葡萄酒增加濃郁度，而且可以使酒
款擁有優雅的口感、架構和陳年實力。白標葡萄酒浸皮時間短，風格更爲年輕而
新鮮。黑標葡萄酒則經過大型橡木桶陳年。Malvazija Black Label 的浸皮時間大
約爲 1 週。

地址：Klabjanosp 80a, 6000 Koper 電話：00386 41 735 348
電郵：uros.klabjan@siol.net

斯洛維尼亞／喀斯特

Renčel

Joško Renčel 話少，但擅長冷笑話。他的白酒一直都經過浸皮，從幾天到幾週不等。Renčel 於 1991 年將釀酒廠商業化，最近他的女婿 Žiga Ferlež 也加入釀酒團隊。Cuvée Vincent 通常表現傑出，優異的年份更能陳年超過十年以上。兩款由風乾葡萄釀製的葡萄酒被戲稱爲「orange」和「super orange」。Joško 說：「Gravner 在他的酒標上用橘字印了『anfora』一字；我的版本跟他略微不同。」實驗中的 400 公升陶罐葡萄酒品嘗起來潛力無窮。

地址：Dutovlje 24, 6221 Dutovlje 電話：00386 31 370 561
電郵：rencelwine@gmail.com

斯洛維尼亞／喀斯特

Štemberger

這是家歷史悠久的生產者，釀造優質的浸皮 Rebula、Welschriesling、Sauvignon Blanc 與 Chardonnay。葡萄酒具有美好的微妙、輕盈口感，正是這個多石產區的典型風土。喀斯特地區的葡萄酒浸皮時間相對較長，多爲 6~12 天。Chardonnay 在該區並非典型品種，但酒款表現優異。

地址：Na žago 1, 8310 Šentjernej 電話：+386 41 824 116
電郵：gregor.stemberger@gmail.com

斯洛維尼亞／喀斯特

Tauzher

Emil Tavčar 用家族的古老德文名字，將釀酒廠與村莊中其他許多同姓的 Tavčar 酒莊區分開。Malvazija 和該區的原生品種 Vitovska 使用大約 3 天的短時間浸皮，這是此區的傳統做法，結果對喀斯特區的酒款來說呈現出令人驚訝的豐富和濃郁口感。每年的產量不到 1 萬瓶。

地址：Kreplje 3 6221 Dutovlje 電話：+386 5 764 04 84 電郵：emil.tavcar@siol.net

斯洛維尼亞／伊斯特里亞
Gordia

在擔任廚師 20 年之後，直率的 Andrej Cep 決定在 2012 年重新專注於葡萄酒生產。他的餐廳和酒窖位於風景如畫的山頂上，可欣賞亞得里亞海的美景。他的葡萄酒是以精湛技術釀造出來的，Malvazija 和白色調配酒款經過很長的浸皮時間。葡萄園也得到精心呵護，自一開始便獲得有機認證。這家酒莊釀製的所有酒款都相當易飲，從渾濁的 pét-nat 到紅酒都是。Andrej 的最新愛好是他於 2016 年建造的一個小型陶罐地窖。目前品嘗起來潛力無窮。

地址：Kolomban 13, 6280 Ankaran 電話：+386 41 806 645 電郵：vino@gordia.si

 斯洛維尼亞／伊斯特里亞
Korenika & Moškon

這家占地 22 公頃的酒莊現已獲得 Demeter 認證，位於風景如畫的靠海村莊伊佐拉附近。以 Malvazija、Chardonnay、Pinot Gris 釀製的浸皮葡萄酒在木桶中陳年約莫 6 年才上市。浸皮的時間很長，從 14 天到 30 天不等。Sulne cuvée（使用上面三種品種混釀）在某些年份（例如 2003 年和 2005 年）表現突出。最近的幾個年份則沒有那麼令人興奮。酒莊還生產一系列新鮮的年輕白酒。

地址：Korte 115B, 6310 Izola 電話：+386 41 607 819
電郵：infokorenikamoskon@siol.net

 斯洛維尼亞／伊斯特里亞
Rojac

Uroš Rojac 認為自己主要是紅酒生產者，但他的三款浸皮白酒也很值得一嘗。這些酒款通常經過極長的浸皮時間（Malvazija 長達 60 天，自 2010 年以來已在陶罐中進行部分發酵）。酒體濃郁而複雜，但仍具有伊斯特里亞典型的新鮮度和鹹味。

地址：Gažon 63a SI-6274 Šmarje 電話：+386 (0) 820 59 326 電郵：wine@rojac.eu

斯洛維尼亞／Štajerska
Aci Urbajs

Aci 是斯洛維尼亞橘酒界中的重要人物，也是該區生物動力法的長期擁護者和先驅，自 1999 年以來獲得 Demeter 的認證。Organic Anarchy cuvée（Chardonnay、Welschriesling 與 Kerner 的調配酒）將自然酒的釀造推向極限，酒中沒有添加任何二氧化硫。辛辣的 Organic Anarchy Pinot Grigio 是我的最愛，兩者都連皮發酵約 2 週。這些葡萄酒的表現是難以預測的，但若在正確的時機飲用，則出色無比。釀酒廠位於偏僻的 Rifnik 古蹟區。

地址：Rifnik 44b, Šentjur 電話：+386 3 749 23 73 電郵：aci.urbajs@amis.net

斯洛維尼亞／Štajerska
Bartol

Rastko Tement 是釀酒師，以生產一般主流葡萄酒為主，而且這是他打發時間的方式！酒莊專注於 Muscat 和 Traminer 等芳香型品種，自 2006 年以來，延長了浸皮時間。酒莊的 Rumeni Muskat 2009 和 Sauvignon 2011 更浸皮了 4 年。Tement 說他喜歡這些葡萄酒具有的特色。老實說，我無法發現不同浸皮時間對酒款帶來什麼樣的差別，但這些葡萄酒都令人印象深刻，口感新鮮且充滿深度和活力。

地址：Bresnica 85, 2273 Podgorci 電話：N/A 電郵：vino@bartol.si

斯洛維尼亞／Štajerska
Ducal

位於 Trenta 河谷（Triglav 國家公園的東方邊緣），這家具有田園詩畫般風景的酒莊，釀造非常出色的輕浸皮酒款。Welschriesling 和 Rhine Riesling 都經過 3 天浸皮，後者是極少數能表現出 Riesling 特色的浸皮酒款之一。Mitja 和 Joži la Duca 兩人也經營住宿農莊。酒莊最近也裝置了一些陶罐，不過我尚未品嘗到結果。

地址：Kekčeva domačija Trenta 76, 5232 Soča 電話：+386 41 413 087
電郵：info@ducal.co

斯洛維尼亞／Štajerska

Zorjan

Božidar 和 Marija 於 1980 年繼承了家族酒莊，是有機耕作以及之後生物動力法的先驅。1995 年以小型克羅埃西亞陶罐進行實驗，如今則使用被露天埋在地下的喬治亞陶罐。正如他所解釋的：「宇宙的動力將葡萄變成獨特而鮮活的葡萄酒，而我們這些具有自我意識的人不過是其中的觀察者罷了。」有時候，葡萄酒上市之前就已經過一段時間的陳年。我的首選是香氣豐富的陶罐發酵 Muscat Ottonel 和經過木桶發酵的 Renski Rizling。可愛的酒標上若註明「Dolium」則為用陶罐釀製的葡萄酒。

地址：Tinjska Gora 90 2316 Zgornja Ložnica 電話：N/A
電郵：bozidar.zorjan@siol.net

 斯洛維尼亞／Južna Štajerska

Keltis

酒莊靠近克羅埃西亞邊境，過去是下史泰利亞邦的一部分。Marijan 和他的兒子 Miha Kelhar 自 2009 年以來一直在釀製浸皮葡萄酒，因為 Miha 受到先前品嘗此類「絕妙葡萄酒」經驗所啓發。他們的 Cuvée Extreme 經過 2 個月的浸皮過程，表現特出、口感複雜。非常引人注目且複雜。Chardonnay 以及 Pinot Gris 經過數週的浸皮釀成。酒莊在過去五年來一直都採用有機耕作，在撰寫本書時即將獲得認證。

地址：Vrhovnica 5 8259 Bizeljsko 電話：00386 (0)31/553-353
電郵：keltis@siol.net

南非

南非橘酒的發展很大程度上要感謝 Craig Hawkins，因爲他的影響，生產者在開普省（Cap）開始小量但持續地使用延長浸皮法釀酒。史瓦特蘭可能是這類創新酒款的重鎮，但斯泰倫波什（Stellenbosch）也開始表現出自己的獨特性。

Hawkins 最初實驗性釀造的橘酒受到南非葡萄酒與烈酒委員會（專門監督葡萄酒分類和酒標法規）的刁難，他們認爲這酒如此混濁，不適合出口。經過包括 Hawkins 在內的一小群另類生產者的請願之後，這個可能是世界上第一個官方認證的浸皮發酵白酒在 2015 年成爲現實。

一群新一代的開普敦釀酒師以旱作農耕（不經灌溉）、永續葡萄栽培和提早採收等方式，徹底改變了人們對南非葡萄酒的既有觀念，因爲用這樣的方式沒有理由不能生產出真正具有活力的新鮮活潑風格的葡萄酒。這也是以下介紹的三位生產者的共同特徵。

 南非／史瓦特蘭

Intellego

Jurgen Gouws 是 Craig Hawkins 的前同事兼徒弟，他既沒有葡萄園也沒有釀酒廠，但他釀製的口感精緻、微妙的葡萄酒卻擁有衆多粉絲。他是有機耕作和旱作農耕的倡導者（這在遭受乾旱襲擊的開普省是個非常嚴肅的任務），並親自耕作租來的 Chenin Blanc 和紅色隆河品種葡萄園。Elementis Chenin 酒款經過 13 天的浸皮，帶著新鮮的生薑氣息，相當受到歡迎。Jurgen 的酒桶上都以粉筆寫著自己喜歡的曲調或伴奏，而非技術性內容。他並補充說道：「酒在裝瓶前都不經過濾。裝瓶後我們則去喝金湯尼調酒（gin & tonic）慶祝！」

地址：C/o Annexkloof winery, Malmesbury **電話**：N/A
電郵：jurgen@intellegowines.co.za

 南非／史瓦特蘭

Testalonga

Craig Hawkins 自從在 Lammershoek 擔任釀酒師以來，一直是史瓦特蘭新的獨立生產者運動的關鍵人物。但他與 Lammershoek 的合作夥伴關係在 2015 年突然終止。從那時起，Hawkins 便在史瓦特蘭最北端的區域種植葡萄，繼續他與浸皮葡萄酒與特殊葡萄品種（對開普敦區而言）長達十年的「戀情」。Hawkins 偏好細瘦、高酸度的葡萄酒風格，雖然這類酒款可能並不適合所有人，但它們卻都具有令人難以置信的能量，因此擁有絕佳的陳年實力。我最喜歡的是 El Bandito（浸皮的 Chenin）和 Mangaliza part II（浸皮 19 天的 Hárslevelű）。

地址：PO Box 571, Piketberg, Swartland **電話**：+27 726 016475
電郵：elbandito@testalonga.com

南非／斯泰倫波什
Craven Wines

Mick 與 Jeanine Craven 分別來自澳洲和斯泰倫波什，在索諾瑪（Sonoma）和其他地方工作多年之後，於 2011 年定居於現址。他們從朋友 Craig Hawkins 那裡得到啓發，使用 50% 珍貴的 Clairette 老藤來浸皮，以便爲口感增添質地。成果是相當易飲、清爽，表現出這個常被誤解的品種獨特的一面。另外一款實驗性的浸皮 Pinot Gris 酒款原本不打算上市，但如今已成爲該系列中的暢銷酒款。這款酒口感美妙無比，難怪會大受歡迎。

地址：N/A **電話**：+27 727 012 723 **電郵**：mick@cravenwines.com

西班牙

西班牙各地都有令人著迷的橘酒蹤跡。加泰隆尼亞（Catalonia）有著悠久的 brisat 傳統（這是古老的加泰隆尼亞語，意爲連皮發酵的白酒），並且在全國都有廣泛使用陶罐的傳統。但截至目前爲止，都還沒有任何值得一提的單獨產區或有遠見的生產者。與整個地中海地區一樣，毫無疑問，自古以來白葡萄品種就一直是連皮發酵的，或甚至根本沒有與紅葡萄分離出來個別釀製，但是這種風格的酒款可能直到 21 世紀才開始被裝瓶。即便全國各地都在製作許多美味的浸皮葡萄酒，但目前很難把它們與義大利、斯洛維尼亞或喬治亞相提並論。

然而，西班牙已經壟斷了陶罐生產市場，其較小（毫無疑問更容易進口）的西班牙 tinaja 現在已成爲無數歐洲生產者（特別是 COS、Elisabetta Foradori 和 Frank Cornelissen）的首選容器。Juan Padilla 是 COS 和 Foradori 陶罐供應商，也以身爲該國頂級陶罐工匠聞名。

西班牙／加利西亞
Daterra

Laura Lorenzo 高大並頂著一頭長髮綹，在加利西亞（Galicia）的偏僻農村顯得相當獨特。在 Dominio do Bibei 得到葡萄酒和葡萄栽培的經驗之後，她於 2013 年創立自己的酒莊，並擁有幾座過去買下的珍貴古老葡萄園。浸皮白酒有兩款：Gavela de Vila（100% 的 Palomino，是從古老的混種葡萄園中悉心摘取的）和 Erea da Vila（來自同一葡萄園其他的田野混合品種）。對任何懷疑質樸的 Palomino 眞能釀出優異的非強化酒，在此，鐵證如山。

地址：Travesa do Medio 32781 Manzaneda, Galicia **電話**：+34 661 28 18 23
電郵：laura@daterra.org

西班牙／佩內得斯（Penedès）

Loxarel

Josep Mitjans 釀出他的第一個 1,000 公升 Xarel-lo 年份酒（1985 年）的那年，也創建了 Loxarel 酒莊。A Pèl Blanco 是該品種的陶罐發酵（經過浸皮）版本，呈現出驚人的活力和討喜的獨特氣息。經過浸皮發酵 5~6 週後，將酒換桶放入相同的 720 公升 tinaja 陶罐中，並與部分果皮一起陳年 5 個月。酒款不經任何澄清、過濾，也沒有其他添加物。

地址：Masia Can Mayol 08735 Vilobí del Penedès 電話：+34 93 897 80 01
電郵：loxarel@loxarel.com

西班牙／普里奧拉

Terroir al Límit

這是由德國人 Dominic Huber 和南非膜拜釀酒師 Eben Sadie（如今已停止參與）在 2001 年共同發起的計畫。Huber 在採用生物動力法的老葡萄園中以旱作農耕。他的遠大目標是在普里奧拉（Priorat）建立一家可以媲美 Domaine Romanée-Conti 的酒莊，他的觀點是普里奧拉的產區風土與頂級布根地葡萄園一樣，都需要投注許多的關注。Terra de Cuques 和 Terroir Històric Blanc 都經過 2 週的浸皮時間；相反的，Pedra da Guix 則未經浸皮，而是以氧化方式釀造。Terra de Cuques 帶著少許 Muscat 芳香。

地址：c. Baixa Font 10, 43737 Torroja del Priorat 電話：+34 699 732 707
電郵：dominik@terroir-al-limit.com

西班牙／塔拉哥納（Tarragona）

Costador Mediterrani Terroirs

Joan Franquet 的葡萄園擁有許多 60~110 歲的老藤，位於高海拔（400~800 公尺）。他的幾款陶罐酒款都帶著誘人而絕妙的新鮮度與果香。所有的葡萄酒都以 Metamorphika 為酒標裝在陶製酒瓶中。他的 Macabeu Brisat 一直是我的最愛，擁有令人難以置信的表現力、芳香和果香，以及討喜的結構感和新鮮度，任何你所想得到的橘酒特色它都有。Brisat 是加泰隆尼亞語對白酒的舊稱，是經過浸皮釀成的白酒。酒莊以有機栽培，但並非所有地塊都經過認證。

地址：Av. Rovira i Virgili 46 Esc. A 5º 2ª Cp.: 43002 Tarragona 電話：+34/607276695
電郵：jf@costador.net

Vinos Ambiz

Fabio Bartolomei 的父母是義大利人，但在蘇格蘭出生並長大，之後移居西班牙，因爲他「無法承受會計和金融領域的生活前景」。他於 2003 年開始釀造葡萄酒，並於 2013 年創立自己的釀酒廠。他在馬德里以東的 Sierra de Gredos 地區釀酒，他認爲該區唯一可惜的是沒有其他釀酒師。白葡萄包括古老的品種，如 Dolé、Albillo 與 Malvar。葡萄經過 2~14 天的浸皮，容器爲 tinaja 陶罐、不鏽鋼桶與木桶。酒款混濁，或許很難奪取衆人的喜愛，但口感相當吸引人。採用未經認證的有機葡萄栽培法。

地址：05270 El Tiemblo (Avila), Sierra de Gredos 電話：+34 687 050 010
電郵：enestoslugares@gmail.com

西班牙／曼查

Esencia Rural

Julián Ruiz Villanueva 在西班牙遼闊的曼查（La Mancha）地區種植了 50 公頃古老且部分未經嫁接的葡萄園。白色品種通過極長的浸皮時間釀造，例如 Sol a Sol Airen 便長達 14 個月。這是一款帶著殘糖與氧化成分的偉大葡萄酒。大多數葡萄酒都是在不添加二氧化硫的情況下製成的，表現或許是多變的，但樂趣無窮。

地址：Ctra. de la Estación, s.n., Quero, 45790, Toledo 電話：+34 606991915
電郵：info@esenciarural.es

西班牙／阿利坎提（Alicante）

Joan de la Casa

儘管 Joan Pastor 釀造傳統風格的葡萄酒已有十多年的歷史，但直到 2013 年，他才認爲這些葡萄酒可以上市銷售。他那三款以 Moscatel 爲主的白酒 Nimi、Nimi Tossal 與 Nimi Naturalment Dolç，都經過 15~30 天的浸皮。成果爲極富芳香、大膽，並展現出西班牙炎熱乾燥地區的產區特點。但來自附近的海岸線和 llebeig 風有助於降低溫度並維持葡萄酒的新鮮度。

地址：Partida Benimarraig, 27A, 03720 Benissa 電話：+34 670 209 371
電郵：info@joandelacasa.com

Envinaté

2005 年大學畢業後，四位釀酒朋友 Roberto Santana、Alfonso Torrente、Laura Ramos 和 José Martínez 共同創建了這個計畫，如今在西班牙的四個不同地區都有他們的蹤影。他們唯一的白色品種是在特內里費島種植的、葡萄來自火山土壤的百年葡萄園。Taganan 和 Benje Blanco 兩者都有一部分的酒液傳統上經過浸皮發酵，爲酒款的質地與濃郁度上增添來自土壤的煙燻氣息與礦物特色。Vidueño de Santiago del Teide 是以 100% 未嫁接的紅白品種 Listan Bianco 和 Listan Prieto 連皮發酵後釀成的。

地址：N/A 電話：+34 682 207 160 電郵：asesoria@envinate.es

瑞士

瑞士人非常喜歡他們的葡萄酒，也因此瑞士酒幾乎全被他們喝光。葡萄酒的品質極高，但風格有些保守。有些生產者開始嘗試浸皮發酵，但到目前爲止還沒有帶動什麼風潮。Viala & Vermorel 在 1905 年出版的《Ampélographie, Tome 6》一書中提到「vieille méthode valaisanne」（瓦萊州的古老釀製法）表示白葡萄品種是連皮發酵的。不過，如今則是由現代的德國風格（去皮發酵）占上風。

瑞士擁有許多珍貴的原生白葡品種，如果經過浸皮發酵，相信成品都會很有趣。誰知道口感中性的 Chasssela、芳香高酸度的 Petite Arvine 或架構宏大的 Completer 的果皮中，蘊藏著怎麼樣的秘密？

Albert Mathier et Fils

Amédée Mathier 的酒莊位於瓦萊州（Valais）的德語區，自 2008 年起開始對喬治亞陶罐著迷不已。此後，他便一直以傳統的喬治亞不經人工干預的方式釀造出引人注目的陶罐發酵橘酒：Amphore Assemblage Blanc。以 Rèze 與 Ermitage（又名 Marsanne）釀製的調配酒款經過 10~12 個月的浸皮。對我來說，這款酒是酒莊的經典之作。Mathier 如今已經擴大規模，將 20 只陶罐埋入了一個新的酒窖中，並將從 2018 年開始在酒中嘗試使用一些 Lafnetscha 品種。

地址：Bahnhofstrasse 3, Postfach 16, 3970 Salgesch 電話：027 455 14 19
電郵：info@mathier.ch

美國

美國五十個州各個都有葡萄酒的生產。或許在不久的將來，橘酒也可以達成相同的目標。美國釀酒師充滿冒險精神，他們秉承著「如果不能做得比它更好就進口它」的理念，如今境內擁有為數衆多的葡萄品種種植和經過浸皮釀造。

美國對義大利美食和葡萄酒文化的熱愛，也有助於建立對橘酒的知識和熱情，許多釀酒師在回憶錄中都提到弗留利先驅釀酒師的名字。Radikon、Gravner 等人的葡萄酒很快地便進入美國，到了對此充滿好奇的釀酒師的杯中，而他們也迅速地受到此風格的啓發。

加州的葡萄酒產量占約全美總產量的 85%，因此該州的葡萄酒生產者占據以下榜單也就不足為奇了。然而，Deirdre Heekin 在佛蒙特州寒冷的氣候中長期使用浸皮法所取得的成功也清楚地表明，在全美的各個角落都可以釀造出卓越的葡萄酒。

 美國／奧勒岡州（Oregon）
A.D. Beckham

Andrew Beckham 與他的陶罐有著相當獨特的關係。身為一名陶匠，他親自打造每只陶罐！A.D. Beckham 陶罐發酵酒原本僅是酒莊的副業，如今卻成為主流。Amphora Pinot Gris 令人想起義大利北部的清淡紅酒，非常美味。

地址：30790 SW Heater Road Sherwood, OR 97140 **電話：**+1 971 645 3466
電郵：annedria@beckhamestatevineyard.com

 美國／加州
Ambyth

2000 年代初，來自威爾斯的 Philip Hart 在帕索羅布列斯相當原始、從未用過任何合成肥料或化學噴霧劑的土地上，創建了這家酒莊。身為一名業餘釀酒師，他一開始天真的以為所有的葡萄酒都是自然的；儘管後來得到啓蒙，但他從未動搖過自己最初的信念。酒莊所有白葡萄酒都經過浸皮過程，越來越多的酒款也在陶罐中發酵和陳年。Grenache Blanc 2013 可說是是美國有史以來最優質的橘酒之一，此外其 Priscus 調配酒款也相當推薦。自 2011 年以來酒款都未添加二氧化硫。

地址：510 Sequoia Lane Templeton, CA 93465 **電話：**+1 805 319 6967
電郵：Gelert@ambythestate.com

美國／加州
Dirty & Rowdy

Hardy Wallace 變成一位釀酒師的故事相當曲折。在 2008 年金融危機期間他遭解僱，但因爲贏得一場社群媒體線上競賽而前往納帕，擔任 Murphy-Goode 釀酒廠的市場行銷人員。2009 年，他與合夥人 Matt Richardson 建立了 Dirty & Rowdy 酒莊。兩人主要是以 Mourvedre 與 Semillon 釀酒，但這也取決於他們在納帕所能購買到的品種。他們只與「注意環保的葡萄園」（即採用有機或更佳的葡萄園）合作，每個年份通常也都會包括一款出色的浸皮葡萄酒。

地址：PO Box 697 Napa, CA 94559 電話：+1 404 323 9426
電郵：info@dirtyandrowdy.com

 美國／加州
Forlorn Hope

以納帕爲基地的 Matthew Rorick 可說是新世界釀酒師的典型代表。他曾在加州大學戴維斯校區（UC Davis）接受釀酒訓練，並在美洲和紐西蘭都有許多工作經驗。他喜歡嘗新，Forlorn Hope 的白葡萄酒不少都經過浸皮。最著名的要屬經過幾週浸皮、香氣奔放的 Faufreluches Gewürztraminer，Dragone Ramato Pinot Gris 則是他對古老威尼斯風格的 Pinot Grigio 葡萄酒的詮釋。哦，對了，他還會製作和彈電吉他喔！

地址：PO Box 11065 Napa, CA 94581 電話：+1 707 206 1112
電郵：post@matthewrorick.com

 美國／加州
La Clarine

Caroline Hoel 與 Hank Beckmeyer 於 2001 年開始在內華達山脈丘陵的極高海拔地區種植葡萄和釀酒。Beckmeyer 採用的農耕法超越了生物動力法的範疇，他們盡可能地施行福岡正信（Masanobu Fukuoka，《一根稻草的革命》一書作者）的無爲農耕法。他們的 Albariño Al Basc 2015 是實驗性的酒款，但我衷心希望他們能繼續探索這一方向。這款酒使用 7 個月的浸皮過程，釀製出此品種奔放的果香與堅韌的單寧，是款會讓喬治亞人感到驕傲的葡萄酒。

地址：PO Box 245, Somerset CA 95684 電話：+1 530 306 3608
電郵：info@clarinefarm.com

美國／加州

Ryme Cellars

Ryan 和 Megan Glaab 可能是美國僅有的兩位釀造 Ribolla Gialla 品種酒的生產者之一。他們對浸皮過程也嚴肅以對，時間整整 6 個月，釀製出色澤深沉、帶著鹹味的酒款。看得出是 Radikon 和 Gravner 風格的葡萄酒，然而對我而言氧化程度超過我所能接受的範圍。不過，能喝到酒精含量 12% 的納帕葡萄酒真是美妙。他們在來自卡內羅斯（Carneros）的 Vermentino 有兩種風格，一為浸皮，一則無，這是因為夫婦倆對最佳的釀造方法有著不同的意見。不過在對待 Ribolla 時則沒有這個問題！

地址：PO Box 80 Healdsburg, CA 95448 電話：+1 707 820 8121
電郵：ryan@rymecellars.com

美國／加州

Scholium Project

前哲學教授 Abe Schoener 於 1998 年決定轉行，並開始在 Stags Leap 酒莊實習。如今他已在自己的酒窖中釀造了十多個年份的 Prince 酒款，這是使用納帕種植的 Sauvignon Blanc 經過浸皮發酵釀成的。自 2006 年首次亮相以來，它已成為美國的膜拜橘酒之一。這款酒顯現出無比的加州風格，口感極為成熟，表現出絕佳的品種特色，某些年份中包含葡萄梗。儘管 Schoener 的釀酒計畫看似不定時，但目前（2018 年）他正計畫在洛杉磯河畔建造一間釀酒廠。

地址：Box 5787 1351 Second St scholium project Napa, CA 94581 電話：N/A
電郵：scholiabe@gmail.com

美國／猶他州與加州

Ruth Lewandowski

(SO₂)

Evan Lewandowski 只釀造一款連皮發酵的葡萄酒，但 Chilion 這款酒表現如此美妙，絕對值得列入本書。誰能料想到來自門多西諾（Mendocino）郡的 Cortese 葡萄可以釀造出擁有奶油般的質地且架構十足的葡萄酒呢？發酵是在蛋型發酵槽與木桶中進行，浸皮 6 個月（早期年份僅幾個星期）。採收和最初的發酵在加州進行，但之後以卡車將這些酒槽運到鹽湖城的釀酒廠進行陳年。釀酒廠名稱中的 Ruth 來自《聖經 · 路得記》，也是 Evan 最喜歡的《聖經》部分，因為其中記載了生與死之間的重要循環。

地址：3340 S 300 W Suite 4 Salt Lake City 電話：+1 801 230 7331
電郵：evan@ruthlewandowskiwines.com

美國／佛蒙特州
La Garagista

佛蒙特州（Vermont）的寒冷山脈並不適合葡萄種植。但得益於明尼蘇達大學開發出來的雜交品種，Deirdre Heekin 因此能夠釀造出新鮮的「高山」葡萄酒。所有白葡萄品種都經過 15~20 天的浸皮，並在開放型玻璃纖維大桶中發酵。Harlots 和 Ruffians 是 La Crescent 和 Frontenac Gris 的調配酒款，其高酸度被豐富的質地兩相平衡。1999 年最初的計畫是創立農場和餐廳，但餐廳已在 2017 年關閉，如今以釀酒為主。葡萄是以樸門永續農法（permaculture, 譯註：一種永續的農耕方式，旨在發展出自給自足的生態環境）和生物動力法，這也是 Heekin 廣泛撰寫的主題。

地址：Barnard, Vermont 電話：+1 802 291 1295 電郵：lagaragista@gmail.com

美國／紐約州
Channing Daughters

釀酒師 James Christopher Tracy 喜歡嘗新，而且他熱愛浸皮過程，並將此技術用在八款不同的葡萄酒上。他對弗留利的葡萄品種和風格也非常熱愛，從其豐富而複雜的 Meditazione 混調酒款即可發現（自 2004 年以來開始製造，經過 2 週的浸皮）。Ribolla、Ramato 和 Research Bianco 三款酒的表現也相當優異。因著涼爽的長島氣候，這些葡萄酒的酒精濃度絕對不會超出 12.5%，無論從字面上還是在口感上都令人耳目一新。發酵是自發而不受控制，但是葡萄酒經過輕微過濾。

地址：1927 Scuttlehole Road PO Box 2202 Bridgehampton, NY 11932
電話：+ 1 631 537 7224 電郵：jct@channingdaughters.com

圖片來源

除非另有說明，否則所有照片均來自 Ryan Opaz。本書已竭盡全力列出版權所有者和／或攝影師。

27、64、66、68 Maurizio Frullani，感謝 Gravner 家族提供。

29、70、75 Mauro Fermariello。

100–101 Fabio Rinaldi。

40 Flamm (16. Korps)，由 K.u.k. Kriegspressequartier, Lichtbildstelle, Wien 所收藏。

44 版權不詳，圖片來自 Digital Library of Slovenia。

58 再製圖片來自 Primož Brecel，原版來自 Podnanos。由 Tomaž Kodrič 神父、Artur Lipovz 與 Ajdovščina 圖書館所協助取得。

77、139、140、157、178、183（左下圖片來自 Ryan Opaz）、**205、216i、219i & ii、225i、225ii、235i、245i & iii、254i、256ii、257i、261、262ii、263i、264i、267iii、268i & iii、270iii、273ii & iii、276ii、278i、282** Simon J Woolf。

114 (x3) 感謝 georgiaphotophiles.wordpress.com/2013/01/26/soviet-georgian-liquor-labels，版權不詳。

137 感謝 John Wurdeman。

152 © Keiko & Maika，感謝 Luca Gargano（Triple A）。

213iii、215、216ii & iii、217i & ii、218、219iii、220-223、224i、226-228、229ii、231、235ii、236iii、237、238、239i、240i、241、243i & ii、244、245i、251-253、254ii、255i、256、257ii、258-260、262i、263ii & iii、264ii、265、267i & ii、270i、271iii、272iii、274ii、276i & iii、277、278ii、279ii、280、281、283、284、285i & iii、286 感謝各個生產者。

213 Tom Shobbrook，感謝 The Oak Barrel, Sydney 提供。Sarah & Iwo Jakimowicz 來自 Hesh Hipp，感謝 Les Caves de Pyrene 提供。

217 Rennersistas 來自 Raidt-Lager，感謝 Renner 家族提供。

229 Laurent Bannwarth 感謝 Just Add Wine Netherlands 提供。

230 Yann Durieux、Jean-Yves Péron，感謝 Just Add Wine Netherlands 提供。Emmanual Pageot 來自 Alain Reynaud，感謝 Domaine Turner Pageot 提供。

233 Nika Partsvania 來自 Hannah Fuellenkemper。Ramaz Nikoladze 來自 Mariusz Kapczyńshi。

236 Niki Antadze 來自 Olaf Schindler。

243 Eugenio Rosi 來自 Mauro Fermariello。

254 Monastero Suore Cistercensi 的修女，來自 Blake Johnson，RWM。

255 Raffaello Annicchiarico 來自 Bruno Levi Della Vida。Paolo Marchi 來自 Giovanni Segni。

266 Sketch of Kramar & Distelbarth 來自 Miriam Pertegato，感謝 Atelier Kramar。

269 Marjan Simčič 來自 Primoz Korošec，感謝 Marjan Simčič。

273 Ivi & Edi Svetlik 來自 Marijan Močivnik，感謝 Svetlik。

279 Mick & Jeanine Craven 來自 Tasha Seccombe，感謝 Craven Wines。

285 Abe Schoener 來自 Bobby Pin。

誌謝

這本書沒有足夠的空間來感謝我在寫這本書的四年當中給予各項建議或幫助的所有人名，但我至少可以提供以下的不完整名單。

Carla Capalbo、Caroline Henry、Wink Lorch 與 Suzanne Mustacich 都給予我精神上的支持以及適時的寶貴出版相關建議。Mauro Fermariello 爲我的 Kickstarter 募款計畫製作了一個非常好的宣傳影片，使這個計畫能夠順利展開。

Mariëlla Beukers、Stefano Cosma、Hannah Fuellenkemper、Elisabeth Gstarz、Tomaž Klipšteter、Artur Lipovz（斯洛維尼亞 Ajdovščina 圖書館的館長）、Vladimír Magula、Tony Milanowski 與 Bruno Levi Della Vida 都針對本書在研究上提供了協助。

本書的外語翻譯是由 Denis Costa（義語）、Barbara Repovš（斯洛維尼亞語）以及 Elisabeth Gstarz（德文）提供專業協助。

我的釀酒探險之旅得以成行得感謝葡萄牙的 Teresa Batista、Oscar Quevedo 與 Claudia Quevedo 以及荷蘭的 Ron Langeveld 與 Marnix Rombaut 等人的耐心與支持。

在喬治亞，我得到 Sarah May Grunwald、Irakli Cholobargia 以及他在喬治亞國家葡萄酒署的同事們與 Irakli Glonti 博士等人的大力幫忙。

FVG Turismo 的 Tatjana Familio 與 Giulia Cantone 爲我在弗留利的住宿與交通上提供了許多協助。

另外我也要特別感謝 Joško、Marija、Mateja 與 Jana Gravner、Valter、Ines、Klemen 與 Lea Mlečnik、Saša、Stanko、Suzana、Savina 和 Ivana Radikon、Janko Štekar 與 Tamara Lukman。

謝謝那些打開酒窖，給我最好的酒品嘗並花時間跟我講述他們的故事的釀酒師們，因爲你們，這本書才能栩栩如生。

David A. Harvey 與 Doug Wregg 慷慨地付出時間與想法，對我在計劃本書內容時幫助甚多。

感謝斯洛維尼亞旅遊局爲本書提供了額外的財務支持。我非常幸運，有斯洛維尼亞共和國駐荷蘭大使 Sanja Štiglic 女士在整個過程中擔任我的良師益友。

第九章標題的靈感當然是來自 The Fall 樂團（Mark E. Smith 願你安息）。

感謝 Elisabeth Gstarz 幫助我在許多時候將不可能變爲可能。

Kickstarter 募資網支持者

有 388 個支持者在 Kickstarter 募資網上提供財務資助，使本書計畫得以實現。有些人要求保持匿名，其餘的人則列名如下。

Sarah Abbott mw ★ James Ackroyd ★ Jesaja Alberto ★ Nicola Allison ★ Paulo de Almeida ★ Diogo Amado ★ Cornell & Patti Anderson ★ Jane Anson ★ Matt & El Bachle ★ Levon Bagis ★ Adrijana & Filip-Karlo Baraka ★ Ariana Barker ★ Fabio Bartolomei ★ Thomas Baschetti ★ Miha Batič ★ Simone Belotti ★ Egon J. Berger ★ Paolo Bernardi ★ Mariëlla Beukers & Nico Poppelier ★ Salvy BigNose ★ Djordje Bikicki ★ bina37 ★ Ian Black ★ Thomas Bohl ★ Mark Bolton ★ Fredrik Bonde ★ Wojciech Bońkowski ★ Stuart & Vanessa Brand ★ Tjitske Brouwer ★ Elaine Chukan Brown ★ Martin Brown ★ Sam & Charlie Brown ★ Uri Bruck ★ Marcel van Bruggen ★ De Bruijn Wijnkopers ★ Jim Budd & Carole Macintyre ★ bunch Wine Bar ★ Inés Caballero & Diego Beas ★ Nicola Campanile ★ Michael Carlin ★ Felicity Carter ★ Damien Casten ★ Matjaz Četrtič ★ Umay Çeviker ★ Remy Charest ★ Daniel Chia ★ André Cis ★ Davide Cocco ★ Gregory Collinge ★ Beppe Collo ★ Alessandro Comitini ★ Helen J. Conway ★ Frankie Cook ★ Steve Cooper ★ Ian FB Cornholio ★ Jules van Costello ★ Giles Cundy ★ Paul V. Cunningham ★ Geoffroy Van Cutsem ★ Barbara D'Agapiti ★ Arnaud Daphy ★ Iana Dashkovska ★ Andrew Davies ★ Steve De Long ★ Cathinca Dege ★ Daniela Dejnega ★ Eva Dekker ★ Juliana Dever ★ Lily Dimitriou ★ La Distesa ★ Martin Diwald ★ Sašo Dravinec ★ Nicki James Drinkwater ★ Darius Dumri ★ Laura Durnford & Steve Brumwell ★ Gabriel Dvoskin ★ Klaus Dylus ★ Eklektikon Wines ★ Souheil El Khoury ★ Magnus Ericsson ★ Jack Everitt ★ Fair Wines ★ Alice Feiring ★ Tom Fiorina ★ Sabine Flieser-Just Dip Somm ★ Stefano & Gloria Flori ★ Luca Formentini ★ Otto Forsberg ★ Ove Fosså ★ Maurizio Di Franco ★ Robert Frankovic ★ Lucie Fricker ★ Andrew Friedhoff ★ Hannah Fuellenkemper ★ Nyitrai Gábor ★ Aldo Gamberini ★ Robbin Gheesling ★ Filippo Mattia Ginanni ★ Leon C Glover iii ★ Maciek Gontarz ★ Adriana González Vicente ★ Marcy Gordon ★ Nick Gorevic ★ Nayan Gowda ★ Mateja Gravner ★ Olivier Grosjean ★ Sarah May Grunwald ★ Anna Gstarz ★ Elisabeth Gstarz ★ Gertrude & Josef Gstarz ★ Paulius Gudinavicius ★ Onneca Guelbenzu ★ Chris Gunning ★ Lianne van Gurp ★ Dr Frédéric Hansen von Bünau ★ Marcel Hansen ★ Ian Hardesty ★ Julia Harding mw ★ Rob Harrell ★ David Harvey ★ Susan Hedblad ★ Caroline Henry ★ Nik Herbert ★ Laszlo Hesley ★ Peter Hildering ★ Richard Hind ★ Alicia Hobbel ★ Mike Hopkins ★ Matthew Horkey ★ Janice Horslen ★ Justin Howard-Sneyd mw ★ Niels Huijbregts ★ Diederik van Iwaarden ★ Frankie Jacklin ★ Heidi Jaksland Kvernmo Dip wset ★ Ales Jevtic ★ Sakiko Jin ★ Gabi & Dieter Jochinger ★ Rick Joore ★ Asa Joseph ★ Jakub Jurkiewicz ★ Jason Kallsen ★ Edgar Kampers ★ Tomaž Kastelic ★ Dan Keeling ★ Fintan Kerr ★ Daniel Khasidy ★ Chris King ★ Tatiana Klompenhouwer ★ Michaela Koller ★ Arto Koskelo ★ Eero Koski ★ Edward Kourian ★ Sini Kovacs ★ Bradley Kruse ★ Roger Krüsi & Agnes Zeiner-Krüsi ★ Peter Kupers ★ Harry Lamers ★ Stef Landauer ★ Esmee Langereis ★ Primož Lavrenčič (Burja) ★ Hongwoo Lee ★ Stéphane Lefèvre ★ Eileen LeMonda Dip wset ★ Bruno Levi Della Vida ★ Catherine Liao ★ Susan R Lin ★ Richard Van Der Linden ★ Andrew & TamarLindesay ★ Allan & Kris Liska ★

Ella Lister ★ Ben Little ★ Icy Liu ★ Angela Lloyd ★ Wink Lorch ★ Laura Lorenzo ★ Brad & Therese Love ★ Dr Ludvig Blomberg ★ Benjamin Madeska ★ Aaron Mandel ★ Tim Reed Manessy ★ Alan March ★ Pedro Marques ★ Alessandro Marzocchi ★ Jerzy Maslanka ★ Rob McArdle ★ Richard McClellan ★ Robert McIntosh ★ Gert Meeder ★ Regina Meij ★ Ayca Melek ★ Ghislaine Melman ★ Tan Meng How ★ Manuchar Meskhidze ★ Karol Michalski ★ Rolv Midthassel ★ Mitja Miklus ★ Tony Milanowski ★ Valter Mlečnik ★ Ana Monforte ★ Gea & Petra Moretti ★ Paddy Murphy ★ Ewan Murray ★ Bernd & Bettina Murtinger ★ Suzanne Mustacich & Pétrus Desbois ★ naturalorange.nl ★ Dr. Nicholas Reynolds ★ Paul Nicholson ★ Patrik Nilsson ★ Domačija Novak ★ Laurie E. O'Bryon & Mario P. Catena ★ Mick O'Connell mw ★ Tobias Öhgren ★ Mark Onderwater ★ Richard van Oorschot ★ Josje van Oostrom ★ Filippo Ozzola ★ Mateusz & Justyna Papiernik ★ Sharon Parsons ★ Antonio Passalacqua ★ Hudák Péter ★ Antti-Veikko Pihlajamäki ★ Adrian Pike ★ Marco Pilia ★ Marco Piovan ★ Zoli Piroska ★ Tao Platón González ★ Helen & David Prudden ★ Luigi Pucciano ★ Melissa Pulvermacher ★ Noel Pusch ★ Alessandro Ragni ★ Christina Rasmussen ★ Rafael Ravnik ★ Simon Reilly ★ Oscar Reitsma ★ Mitch Renaud ★ Magnus Reuterdahl ★ George Reynolds ★ André Ribeirinho ★ Odette Rigterink ★ Thomas R. Riley ★ Treve Ring ★ Nicolas Rizzi ★ Daniel Rocha e Silva ★ Marnix Rombaut ★ Elena Roppa ★ Pieter Rosenthal ★ Gerald Rouschal ★ José Manuel Santos ★ Kjartan Sarheim Anthun ★ Savor The Experience Tours ★ K Dawn Scarrow ★ Carl Schröder ★ Elisabeth Seifert ★ Job Seuren ★ Lynne Sharrock Dip wset ★ Lizzie Shell ★ Dr Ola Sigurdson ★ Marijana Siljeg ★ Aleš Simončič ★ Jeroen Simons ★ simplesmente... Vinho ★ Robert Slotover ★ Tony Smith ★ Saša Sokolić ★ Spacedlaw ★ Luciana Squadrilli ★ Peter Stafford-Bow ★ Primož Štajer ★ Sverre Steen ★ Janko Štekar & Tamara Lukman ★ Matthias Stelzig ★ Lee Stenton ★ Peter Stevens ★ Melissa M. Sutherland ★ Johan Svensson ★ Dimitri Swietlik ★ Taka Takeuchi ★ Eugene SH Tan ★ Gianluca Di Taranto ★ Famille Tarlant ★ Daphne Teremetz ★ Lars T. Therkildsen ★ Colin Thorne ★ Paola Tich ★ Sue Tolson ★ Mike Tommasi ★ Aitor Trabado & Richard Sanchoyarto ★ Maria W. B. Tsalapati ★ Effi Tsournava ★ Margarita Tsvirko ★ Andres Tunon ★ Ole Udsen ★ Lauri Vainio ★ Eva Valkhoff ★ Joeri Vanacker ★ Sara Vanucci ★ Elly Veitch ★ Alexey Veremeev ★ VinoRoma ★ Priscilla van der Voort ★ Dr José Vouillamoz ★ Filip de Waard ★ Peter Waisberg ★ Arnold Waldstein ★ Evan Walker ★ Timothy & Camille Waud ★ Daniela & Thomas Weber ★ Liz Wells ★ Simon Wheeler ★ Daniela Wiebogen ★ Stefan Wierda ★ Gerhard Wieser ★ De Wijnwinkel Amsterdam ★ Benjamin Williams ★ C Wills ★ The Wine Spot Amsterdam ★ Winerackd ★ Weingut Winkler-Hermaden ★ Adam Wirdahl ★ Michael Wising ★ Keita Wojciechowski ★ Stephen Wolff ★ Diana Woloszyn ★ Chris & Sara Woolf ★ Inigo & Susan Woolf ★ Jon Woolf ★ Stephen Worgan ★ Phillip Wright ★ John Wurdeman ★ Alder Yarrow ★ Aaron Zanbaka ★ Alessandro Zanini ★ Yvonne Zohar

參考書目

Anson, Jane. *Wine Revolution: The World's Best Organic, Biodynamic and Natural Wines.* London: Jacqui Small, 2017.

Barisashvili, Giorgi. *Making Wine in Kvevri.* Tbilisi: Elkana, 2016.

Brozzoni, Gigi, et al. *Ribolla Gialla Oslavia The Book.* Gorizia: Transmedia, 2011.

Caffari, Stefano. *G.* Milan: self-published by Azienda Agricola Gravner, 2015.

Camuto, Robert V. *Palmento: A Sicilian Wine Odyssey.* Lincoln, NE and London: University of Nebraska Press, 2010.

Capalbo, Carla. *Collio: Fine Wines and Foods from Italy's North-East.* London: Pallas Athene, 2009.

Capalbo, Carla. *Tasting Georgia: A Food and Wine Journey in the Caucasus.* London: Pallas Athene, 2017.

D'Agata, Ian. *Native Wine Grapes of Italy.* Berkeley, Los Angeles, London: University of California Press, 2014.

Feiring, Alice. *The Battle for Wine and Love: Or How I Saved the World from Parkerization.* New York: Harcourt, 2008.

Feiring, Alice. *Naked Wine: Letting Grapes Do What Comes Naturally.* Cambridge, MA: Da Capo Press, 2011.

Feiring, Alice. *For the Love of Wine: My Odyssey through the World's Most Ancient Wine Culture.* Lincoln, NE: Potomac Books, 2016.

Filiputti, Walter. *Il Friuli Venezia Giulia e i suoi Grandi Vini.* Udine: Arti Grafiche Friulane, 1997.

Ginsborg, Paul. *A History of Contemporary Italy: Society and Politics, 1943–1988.* London: Penguin Books, 1990.

Goldstein, Darra. *The Georgian Feast: The Vibrant Culture and Savory Food of the Republic of Georgia.* Second edition. Berkeley, Los Angeles, London: University of California Press, 2013.

Goode, Jamie and Sam Harrop mw. *Authentic Wine: Toward Natural and Sustainable Winemaking.* Berkeley, Los Angeles, London: University of California Press, 2011.

Heintl, Franz Ritter von. *Der Weinbau des Österreichischen Kaiserthums.* Vienna, 1821.

Hemingway, Ernest. *A Farewell to Arms.* London: Arrow Books, 2004.

Hohenbruck, Arthur Freiherrn von. *Die Weinproduction in Oesterreich.* Vienna, 1873.

Kershaw, Ian. *To Hell and Back: Europe 1914–1949.* London: Penguin Books, 2015.

Legeron mw, Isabelle. *Natural Wine: An Introduction to Organic and Biodynamic Wines Made Naturally.* London and New York: cico Books, 2014.

Phillips, Rod. *A Short History of Wine.* London: Penguin Books, 2000.

Robinson, Jancis and Julia Harding. *The Oxford Companion to Wine.* Fourth edition. Oxford: Oxford University Press, 2015.

Robinson, Jancis, Julia Harding and José Vouillamoz. *Wine Grapes: A Complete Guide to 1,368 Vine Varieties, including their Origins and Flavours.* London: Penguin Books, 2012.

Schindler, John R. *Isonzo: The Forgotten Sacrifice of The Great War.* Westport: Praeger, 2001.

Sgaravatti, Alessandro. *G.* Padua: self-published by Azienda Agricola Gravner, 1997.

Thumm, H.J. *The Road to Yaldara: My Life with Wine and Viticulture.* Lyndoch, S. Aust.: Chateau Yaldara, 1996.

Valvasor, Johann Weikhard von. *Die Ehre deß Herzogthums Crain.* Nuremberg, 1689.

Vertovec, Matija. *Vinoreja za Slovence.* Vipava, 1844. Second edition of modern reprint, Ajdovščina: Občina, 2015.

寇里歐／布爾達邊境的日出

索引

每個產區都列在各個國家之下，因此要找 Carso，請參見 Italy, Carso。
推薦的生產者列在「Recommended producers」詞條之下，因此若要找 JNK，請參見「Recommended producers, JNK」。正文中提到的生產者則會有一個主要索引條目。

斯洛維尼亞：熱門美食樞紐中心

斯洛維尼亞被克羅埃西亞、義大利和奧地利所包圍，是一個雖小但多樣化的國家。地處阿爾卑斯山、地中海、喀斯特和 Pannonian 平原的十字路口。不僅天然資源豐富，同時還是最熱門的美食樞紐中心之一。在首都盧比安納及其他地區，像 Ana Roš（2017 年全球最佳女廚師）、Janetz Bratovž、Igor Jagodic、Uroš Štefelin，Bine Volčič、Tomaz Kavčič、Luka Košir 等年輕而知名的廚師都因其傑出表現而受到認可。採用當地食材的餐館正在蓬勃發展，前往當地市場和美食節的遊客可以品嘗到所有使斯洛維尼亞菜餚得以如此美味的新鮮農產品。

斯洛維尼亞的烹飪原料因地區而異，從而使全國各地的美食景致不但多樣，而且新穎獨特。傳統上，此區的美食都強調使用本地食材，與國際料理風潮不謀而合。整個斯洛維尼亞的餐廳都強調採用當地花園、戶外市場和有機農場的食材。許多菜餚融合了該國 24 個美食區域的獨特食材，例如來自皮蘭鹽場（Piran salt pans）的鹽、從斯洛維尼亞一直致力於保護工作的蜂箱中採收的蜂蜜，以及最具特色與受歡迎的肉製產品 Carniolan 香腸。

斯洛維尼亞的優質葡萄酒也是如此。斯洛維尼亞有三個主要的葡萄酒產區，土壤和氣候條件十分多樣化，因此得擁有多種不同的葡萄種植條件。古時羅馬人把葡萄藤帶到了今天的斯洛維尼亞地區，因此在第二大城馬里波爾（Maribor）仍擁有世界上最古老的葡萄樹。即使經過了四百年，它們依舊能長出葡萄。隨著斯洛維尼亞的葡萄酒業發展壯大，佳評也隨之而來。斯洛維尼亞如今與義大利和西班牙等一些最優秀的葡萄酒生產國齊名。事實證明，斯洛維尼亞不僅在歐洲美食大戰中脫穎而出，在歐洲的葡萄酒競賽中也不落人後。另外，該國在橘酒的生產中也處於領先地位。近年來，橘酒開始大受歡迎，成為主流三色葡萄酒之外美味而迷人的另類選擇。

I FEEL SLOVENIA

斯洛維尼亞旅遊局
Dimičeva ulica 13
1000 Ljubljana
Slovenia
www.slovenia.info

info@slovenia.info

www.slovenia.info/**facebook**
www.slovenia.info/**youtube**
www.slovenia.info/**instagram**

廣告回信
台灣北區郵政管理局登記證
台北廣字第000791號
免貼郵票

積木文化

104 台北市民生東路二段141號5樓

英屬蓋曼群島商家庭傳媒股份有限公司 城邦分公司

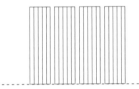

請沿虛線對摺裝訂，謝謝！

部落格　**CubeBlog**
cubepress.com.tw

Facebook　積木生活實驗室
facebook.com/CubeZests

電子書　**CubeBooks**
cubepress.com.tw/books

本期回函抽好禮（即日起至2020年4月20日, 印戳為憑）

‧新書回函寄抽‧德國「Weiss 2018 橘酒」，詳情速見 cubepress.
com.tw 或上 fb【積木生活實驗室】

年滿18歲方可領獎，積木文化保留修改、終止、變更活動內容細節之最終解釋及裁決權、及終止本活動之權利；
如有任何變更，將公佈於積木文化，恕不另行通知。

填問卷・抽好禮！

感謝購買本書，邀請您填寫以下問卷寄回（免付郵資），請務必填寫所有欄位，將有機會抽中積木文化讀者回饋好禮。

1. 購買書名：《橘酒時代：反璞歸真的葡萄酒革命之路》

2. 購買地點：□展覽活動，名稱 ＿＿＿＿＿＿ □書店，店名：＿＿＿＿＿＿，地點：＿＿＿＿＿ 縣市 □書展
   □網路書店，店名：＿＿＿＿＿＿＿＿ □其他（請說明）＿＿＿＿＿＿＿＿＿＿＿＿＿＿＿

3. 您從何處得知本書出版？
   □書店 □報紙雜誌 □展覽活動，名稱＿＿＿ □朋友 □網路書訊 □部落客，名稱＿＿＿ □其他（請說明）＿＿＿＿＿

4. 您對本書的評價（請填代號：1 非常滿意 2 滿意 3 尚可 4 再改進）
   書名＿＿＿＿ 內容＿＿＿＿ 封面設計＿＿＿＿ 版面編排＿＿＿＿ 實用性＿＿＿＿

5. 您購書時的主要考量因素（可複選）：
   □作者 □主題 □口碑 □出版社 □價格 □實用 □其他（請說明）＿＿＿＿＿＿＿＿＿＿＿

6. 您習慣以何種方式購書？
   □書店 □書展 □網路書店 □量販店 □其他（請說明）＿＿＿＿＿＿＿＿＿＿＿

7-1. 您偏好的品飲圖書主題（可依喜好複選）：
   □葡萄酒 □烈酒 □雞尾酒 □日本酒 □威士忌 □白蘭地 □中國酒 □中國茶 □日本茶 □紅茶 □咖啡 □品飲散文 □酒
   類餐搭 □其他（請說明）＿＿＿＿＿＿＿＿＿＿＿＿＿＿

7-2. 您想要知道的品飲知識（可依喜好複選）：
   □品種 □品飲方法 □產地 □廠牌 □歷史 □工具介紹 □知識百科 □大師故事 □其他（請說明）＿＿＿

7-3. 您偏好的品飲類書籍類型：（請填入代號 1 非常喜歡 2 喜歡 3 有需要才會買 4 很少購買）
   □圖解漫畫 □初階入門書 □專業工具書 □小說故事 □其他（請說明）＿＿＿＿＿＿＿＿

7-4. 您每年購入品飲類圖書的數量：□不一定會買 □1~3 本 □4~8 本 □9 本以上

7-5. 您偏好參加哪種品飲類活動（可依喜好複選）：
   □大型酒展 □單堂入門課程 □系列入門課程 □系列課進階課程 □飲食專題講座 □品酒會
   □其他（請說明）＿＿＿＿＿＿＿＿＿＿＿

7-6. 您是否願意參加付費活動：□是 □否；（答是請繼續回答以下問題）：
   可接受活動價格：□ 300~500 □ 500~1000 □ 1000 以上 □視活動類型 □皆可
   偏好參加活動時間：□平日晚上 □週五晚上 □周末下午 □周末晚上 □其他（請說明）＿＿＿＿＿＿＿

7-7. 您偏好如何收到飲食新書活動訊息
   □郵件 □ EMAIL □ FB 粉絲團 □其他 ＿＿＿＿＿＿＿＿＿＿＿＿＿＿＿＿＿＿
   ★歡迎加入 FB：積木生活實驗室 或 來信 service_cube@hmg.com.tw 訂閱「積木樂活電子報」

8. 讀者資料
   • 姓名：＿＿＿＿＿＿＿＿ • 性別：□男 □女 • 電子信箱：＿＿＿＿＿＿＿＿＿＿＿＿
   • 收件地址：＿＿＿＿＿＿＿＿＿＿＿＿＿＿＿＿＿＿＿＿＿＿＿＿＿＿＿＿
   （請務必詳細填寫以上資料，以確保您參與活動中獎權益！如因資料錯誤導致無法通知，視同放棄中獎權益。）
   • 居住地：□北部 □中部 □南部 □東部 □離島 □國外地區
   • 年齡：□ 15~20 歲 □ 20~30 歲 □ 30~40 歲 □ 40~50 歲 □ 50 歲以上
   • 教育程度：□碩士及以上 □大專 □高中 □國中及以下
   • 職業：□學生 □軍警 □公教 □資訊業 □金融業 □大眾傳播 □服務業 □自由業 □銷售業 □製造業 □家管 □
   其他 ＿＿＿＿＿＿＿＿＿＿＿＿＿
   • 月收入：□ 20,000 以下 □ 20,000 ~ 40,000 □ 40,000 ~ 60,000 □ 60,000 ~ 80000 □ 80,000 以上
   • 是否願意持續收到積木的新書與活動訊息：□是 □否

9. 歡迎您對積木文化出版品提供寶貝意見（選填）：＿＿＿＿＿＿＿＿＿＿＿＿＿＿＿

我已經完全瞭解上述內容，並同意本人資料依上述範圍內使用 ＿＿＿＿＿＿＿＿＿＿＿＿＿＿（請簽名）